Intuition et rationalité

Leur symbiose chez l’humain et la machine

Les impliqués Éditeur

Structure éditoriale récente fondée par L'Harmattan, Les Impliqués Éditeur a pour ambition de proposer au public des ouvrages de tous horizons, essentiellement dans les domaines des sciences humaines et de la création littéraire.

Déjà parus

Gabrielli (Agnès), *Sang de corail*, 2023.

Sekmakdji (Mohamed-Chérif), *Une semaine à vivre*, 2022.

Stive (Pépé), *Les larmes d'une écriture*, 2022.

Cassan (Emmanuelle Eve), *Entre deux chapitres*, 2022.

Koudjo (Pap), *La démocratie dictatoriale de Kadayed*, 2022.

Calosci (Claire et Alain), *L'homme ne vit pas seulement de pain mais de toute Parole qui sort de la bouche de Dieu*, 2022.

Versini (Charles), *Ascension*, 2022.

Castex-Ey (Joan-Francesc), *La rupture*, 2022.

Purguette (Edmond), *Drôles de bestioles*, 2022.

Honoré (Maryse), *Une vraie saint nitouche !*, 2022.

Les impliqués
Éditeur

Ces dix derniers titres de ce secteur sont classés par ordre chronologique en commençant par le plus récent.
La liste complète des parutions, avec une courte présentation du contenu des ouvrages, peut être consultée sur le site :
www.lesimpliques.fr

Claude Roche
et Gérard Sabah

Intuition et rationalité

Leur symbiose chez l'humain et la machine

Essai

Les impliqués
Éditeur

DES MÊMES AUTEURS

Claude Roche

Le Basic et le temps partagé, Dunod, avec Alain Checroun,coll. « Université et Technique », Paris 1970

Les défenses antimissiles, la France et l'Europe, Fondation pour les Études de Défense Nationale, ouvrage en collaboration, Paris 1986

La défense antimissiles balistiques, Fondation pour les Études de Défense, ouvrage en collaboration, Paris 1998

Quelles perspectives pour le renseignement spatial et aérien français après le Kosovo ? L'Harmattan, ouvrage en collaboration, Paris 2001

Demain, les drones de combat ? L'Harmattan, ouvrage en collaboration, Paris 2004

Gérard Sabah

Ouvrages de synthèse

Gérard Sabah 1988, 1989 *L'intelligence artificielle et le langage, tome I, Représentation des connaissances* ; *tome II, Processus de compréhension* Hermès, Paris. (Mention spéciale prix Roberval 1989 pour l'ensemble des deux tomes de « l'IA et le langage »)

Xavier Briffault et Gérard Sabah 1996, *Smalltalk, programmation orientée objet et développement d'applications*, Eyrolles, Paris.

Gérard Sabah, 2009, *10 questions à Gérard Sabah sur l'intelligence artificielle*, Collection de l'Académie des technologies, Le Manuscrit, Paris.

Direction d'ouvrages

Michael Zock et Gérard Sabah 1988 *Advances in natural language generation : an interdisciplinary perspective.* Pinter & Ablex.

Michel Denis et Gérard Sabah 1993, *Modèles et concepts pour la science cognitive, Hommage à J.F. Le Ny*, PUG, Grenoble.

Gérard Sabah, Jean Vivier, Anne Vilnat, Jean-Marie Pierrel, Laurent Romary et Anne Nicolle 1997, *Machine, langage et dialogue, Figures de l'interactio*n, Alain Trognon, Michel Musiol, L'Harmattan, Nancy.

Gérard Sabah et al 2006, *Compréhension des langues et interaction*, Hermès Science Publications — Lavoisier, Paris, 400p.

5-7, rue de l'École-Polytechnique, 75005 Paris

hwww.lesimpliques.fr

ISBN : 978-2-38417-551-2
EAN : 9782384175512

À Charles-Édouard et Augustin Roche.

À Marie-Caroline Sabah.

Introduction

1. La création de l'homme

Selon la mythologie grecque, le premier à avoir essayé de créer l'homme est Prométhée. C'était un Titan, c'est-à-dire l'un des dieux « primordiaux » de la mythologie précédant les dieux de l'Olympe. Il créa l'homme à partir d'un morceau d'argile trouvé en Béotie dans le Péloponnèse, un peu comme le Dieu judéo-chrétien pour Adam. Il lui donna la vie avec l'aide d'Athéna qui lui apprit les sciences, l'architecture, l'astronomie, la médecine et les mathématiques.

C'est là que les problèmes de Prométhée ont commencé : les hommes qu'il avait ainsi créés étaient mauvais. Zeus, président des dieux de l'Olympe, était très mécontent, il voulait les anéantir et les faire mourir de faim. Il les priva du feu. Prométhée qui tenait beaucoup à sa création, déroba le feu à Zeus et l'offrit aux hommes.

De plus en plus furieux, Zeus créa alors la femme qu'il appela Pandore. Mais, n'en déplaise à mon épouse et à nos amies du sexe soi-disant faible, il la fit très belle, mais, d'après la mythologie, méchante et bête. Manifestement, quoique dieu, il avait aussi raté son premier coup, mais peut-être était-ce en fait ce qu'il cherchait. Pandore s'arrange en effet pour ouvrir la jarre qui contenait tous les maux du genre humain : la maladie, la vieillesse, la folie, la passion… et répand son contenu sur la terre.

Au milieu de toutes ces catastrophes, Zeus voulut enfin punir Prométhée et le fit enchaîner à un rocher du Caucase où tous les jours un vautour lui mangeait le foie qui repoussait pendant la nuit ; et ce pendant des siècles, jusqu'à ce qu'Héraclès le délivre enfin, en demandant sa grâce à Zeus.

Manifestement les dieux à l'époque, du moins leur chef, Zeus, n'étaient absolument pas favorables à cette création de l'homme. Et Prométhée malgré son appartenance à la race des Titans en a été largement puni.

Quelle fascination que de vouloir créer un être qui ressemble à l'homme ! Qu'il voie, qu'il entende, qu'il comprenne et qu'il agisse comme l'homme ! Une manière probablement d'exorciser notre peur de la mort. Vouloir comprendre et créer pour ne pas mourir ?

- Selon une légende juive, au XVIe siècle, bien après ce brave Prométhée, le rabbin Yehudah Loew a voulu cette fois-ci imiter Dieu en créant comme lui d'abord un Golem, embryon d'homme non fini, à partir lui aussi d'argile. Il inscrivit sur le front de sa créature le mot hébreu qui à la fois signifie vérité et Dieu. Mais ayant eu peur de sa création et sans doute aussi des réactions de Dieu, il l'a arrêtée et retransformée en terre glaise. La légende veut que ses restes soient entreposés dans les combles de la synagogue Vieille-Nouvelle de Josefov à Prague, qui reste toujours scellée et gardée.

- Plus récemment au XIXe siècle Mary Shelley (1818) crée dans son roman la légende du Docteur Frankenstein, un autre créateur, qui assemble plusieurs morceaux d'hommes morts et donne la vie à la créature obtenue, grâce à une machine dont l'énergie lui vient de la foudre. Un peu comme Prométhée avec le feu de Zeus. Sa créature qui cherche d'abord l'amour, mais ne peut la trouver à cause de sa laideur, se venge et tue un certain nombre de personnes liées au professeur avant de disparaître dans les glaces du Pôle Nord.
- Un peu plus tard c'est H.G.Wells (1896) qui, dans son roman, crée la légende du Docteur Moreau. Ce médecin fou, en assemblant des morceaux de divers animaux dans son île, fabrique des êtres presque humains qui pensent, parlent, obéissent à la « Loi » et vénèrent Moreau, leur « maître ». Inutile de dire que l'expérience se termine en catastrophe pour le Docteur Moreau et son assistant.

Lisez ces récits si vous en avez le temps : ils sont passionnants, mais mis à part la création de Prométhée c'est-à-dire l'homme lui-même — et encore cela peut se discuter… —, ils se terminent rapidement très mal pour les inventeurs ainsi que leurs inventions et créatures. Un peu comme si c'était un sacrilège que de vouloir créer un être intelligent et imiter Dieu. Les auteurs de ces histoires ont voulu peut-être se faire pardonner d'avoir des idées aussi sacrilèges, tout en ayant envie de les raconter.

On peut aussi parler de l'automate Turc joueur d'échecs du baron Wolfgang von Kempelen au XVIIe siècle. Ce n'est pas une légende, celui-là a existé réellement, simplement il cachait sous la table de jeu un vrai joueur d'échecs de petite taille et faisait croire que c'était l'automate qui jouait. Cette histoire-là ne s'est pas mal terminée comme les autres, mais simplement par la mort naturelle du petit joueur d'échecs. Elle a fasciné de nombreuses personnes, pendant plusieurs décennies. Quant à sa morale, elle est probablement discutable : vaudrait-il mieux tricher que vouloir imiter Dieu ?

2. Créer l'intelligence au lieu de créer l'homme

Ce désir ou plutôt ce fantasme de vouloir créer l'homme est toujours resté au niveau du rêve ou des mythes. Derrière ces légendes, les auteurs comme leurs lecteurs ont toujours longtemps imaginé que ces aventures n'étaient pas possibles.

Maintenant, les siècles ont passé, la technologie s'est développée considérablement. Nous sommes devenus aussi plus pragmatiques, et ce fantasme de vouloir créer un homme complet s'est transformé peu à peu en prenant une certaine réalité. En commençant d'abord par créer l'intelligence.

Dans les années 1950, les ordinateurs ont été inventés, et les scientifiques ont commencé les recherches dans ce qu'on allait appeler l'Intelligence Artificielle.

Apparemment les sacrilèges n'arrêtent pas les chercheurs scientifiques. Mais est-ce vraiment toujours un sacrilège ?

Les débuts de ces recherches datent des années 1950 et 1960, avec les premiers modèles d'ordinateurs Ferranti, IBM et Univac, et l'invention de la microprogrammation et du premier langage de programmation de haut niveau, le Fortran.

On estime couramment que le début des recherches en intelligence artificielle date de l'été 1956 et de la conférence de Dartmouth, où dix pionniers de la recherche américaine : John McCarthy (Dartmouth), Marvin Minsky (Princeton), Claude Shannon (Bell Labs/MIT), Nathaniel Rochester (IBM), Trenchard More (Princeton), Allen Newell (Carnegie Tech), Herbert Simon (Carnegie Tech), Arthur Samuel (IBM), Ray Solomonoff (MIT), Oliver Selfridge (MIT) ont lancé les recherches dans ce domaine. Elles ont démarré aux États-Unis, mais rapidement rejointes dans l'ensemble des pays occidentaux et en URSS. Les recherches en France ont démarré dans les années 1960 avec Jacques Pitrat, auteur de la première thèse de doctorat d'État française en intelligence artificielle (1966), et Jean Claude Simon.

Dès le début, deux types de recherches se sont fait jour, avec à ce moment-là deux esprits différents, peut-être deux chapelles distinctes :

- La recherche en *reconnaissance des formes*[1]. Le but de ces recherches est de concevoir et tester les idées permettant de construire des systèmes informatiques détectant et reconnaissant les formes, et leur extension aux concepts. Il s'agit peut-être de chercher et trouver des idées, mais surtout de satisfaire à des applications importantes et à un marché qui pouvait se dessiner : reconnaissance de la parole, traitement d'images aériennes ou spatiales, détection intelligente… C'étaient alors souvent des réflexions probabilistes, ou fondées sur des algorithmes ou fonctions floues. C'est la partie intuition de l'intelligence.
  Elle a débouché, au début, sur l'approche neuronale, lancée par Frank Rosenblatt avec son Perceptron (1958) voulant simuler les neurones biologiques. Cette approche s'est poursuivie par le connexionnisme mettant en œuvre de multiples neurones en différentes couches, et maintenant dans ce qu'on appelle l'apprentissage profond qui commence à avoir des succès concrets dans de nombreux domaines.

1. En anglais le mot « pattern » venant de l'anglicisation de « patron » qui en français n'a gardé le sens de forme ou de schéma que dans le domaine de la couture. « reconnaissance des formes » se traduit par « pattern recognition ».

- La recherche en *intelligence artificielle logique*, appelée aussi approche *symbolique*. Cette recherche porte sur la manipulation informatique logique des concepts, donnant lieu à la démonstration automatique de théorèmes, la recherche opérationnelle, la création automatique d'algorithmes... C'est la partie décision sur situations complexes et gestion des actions correspondantes. Pour beaucoup elle s'appuie plus sur des méthodes raisonnées et logiques. Elle s'applique à de nombreux cas concrets, principalement dans la recherche opérationnelle.
  C'est là qu'on situe en particulier les ordinateurs et programmes qui jouent aux échecs, au backgammon ou au go, et qui d'ailleurs jouent maintenant bien mieux que le pseudo-automate du Baron von Kempelen, et même que les champions du monde actuels.

Un des buts de ces recherches, outre leurs applications, était de trouver les lois universelles de l'intelligence.

Aucune de ces approches n'a réellement réussi seule. Ce qui commence à réellement apporter le succès aujourd'hui des applications concrètes et des idées, c'est simplement l'utilisation progressive des deux approches de manière cohérente. La fonction *intuition* de l'intelligence artificielle en reconnaissance des formes, et la fonction plus *logique* et rationnelle existent toujours. Mais l'évolution est telle que ces deux fonctions se rejoignent peu à peu dans les systèmes opérationnels.

Il s'agit maintenant du mariage dans les ordinateurs entre « l'esprit de géométrie » et « l'esprit de finesse » de Blaise Pascal il y a 350 ans. Le premier permet en effet de raisonner pour comprendre et agir concrètement, l'autre de découvrir et construire des concepts et pouvoir décider intuitivement.

3. Les rôles et cultures des chercheurs et des ingénieurs

Dans la suite de cet ouvrage, nous décrirons d'abord les recherches et réalisations de ceux qui ont fait avancer l'intelligence artificielle, les chercheurs et les ingénieurs, puis les réflexions des marqueteurs et vendeurs... Une attention particulière a été donnée aux chercheurs et aux ingénieurs clairement responsables du démarrage de l'ensemble. Chacun ayant son rôle :

- Les chercheurs scientifiques en reconnaissance des formes et en intelligence artificielle logiciste cherchent plus à simuler les facultés de l'homme, faire penser la machine, la faire comprendre, la faire agir, la faire avoir conscience comme lui, et même mieux que lui si possible.

- Les ingénieurs-concepteurs construisent plutôt dans les deux cas des machines qui sont utiles et qu'on peut vendre. C'est le marché qui les pousse à créer.

Si les ingénieurs utilisent bien une bonne partie des méthodes des chercheurs, et si les chercheurs tiennent compte des résultats des machines opérationnelles construites par les ingénieurs, leurs esprits et travaux sont différents, mais ce sont les ingénieurs qui réalisent les systèmes opérationnels.

On retrouve, toutes choses étant égales par ailleurs, la différence entre les chercheurs voulant au début voler comme un oiseau, et les ingénieurs-pilotes voulant simplement se transporter dans les airs.

Ce sont les ingénieurs pilotes qui ont été très vite en tête des développements techniques et qui ont atteint leur but, alors que plus de cent ans après, les chercheurs, s'il en existe toujours pour faire ces études, n'ont toujours pas compris complètement comment les oiseaux volaient, en dehors bien sûr du principe de base de la portance par l'aile qui avance. En revanche ils cherchent maintenant à améliorer le vol des avions, en réfléchissant toujours aux vols des oiseaux. On peut penser, par exemple à Airbus qui lance le projet de recherche *Fello'fly*, visant à faire voler des avions long-courriers par paires, pour économiser du carburant, le deuxième avion profitant du sillage du premier. Ou encore, à la NASA qui, associée à FlexSys et au laboratoire de recherche de l'Air Force veut développer une aile révolutionnaire à géométrie variable, inspirée des mouvements des ailes des oiseaux.

4. Logique de lecture du présent ouvrage

Le premier chapitre est centré sur des questions de reconnaissance des formes et montre qu'on peut assimiler celle-ci à une certaine forme d'intuition.

Le chapitre suivant explicite l'approche de l'intelligence artificielle symbolique assimilée, elle, à diverses formes de raisonnements plutôt formels.

Le chapitre trois reprend les deux approches sous l'éclairage de l'apprentissage : statistique pour la reconnaissance des formes et des concepts (l'intuition) et logique pour l'intelligence artificielle symbolique (la rationalité),

Le chapitre quatre mêle les deux approches en en proposant une synthèse allant vers une première forme d'intelligence artificielle dite « faible ». Cette synthèse est illustrée de nombre d'exemples d'applications, ainsi que des risques qu'elles posent et des conséquences au niveau du marché.

Le chapitre cinq aborde l'intelligence artificielle « forte » qui devrait arriver à très long terme en indiquant les besoins et les recherches qu'elle demande, en montre les limites, et précise comment une synthèse encore plus forte entre intuition et raisonnement pourra permettre l'émergence d'une telle intelligence.

Enfin le chapitre six est consacré à une prévision possible avec les risques et leur gestion qu'ils entraîneront. Sa conclusion plus philosophique montre la continuation maintenant artificielle par l'intelligence et l'intuition de l'Évolution, qui fonctionne depuis le départ de la Création par le principe « essai et erreur ».

****

Le lecteur verra que certains passages sont plus difficiles à lire que d'autres, étant plus adaptés aux étudiants. Il ne faut pas qu'il hésite à sauter la lecture de certaines phrases, avant de retrouver des passages plus simples et plus agréables à lire.

CHAPITRE 1

La reconnaissance des formes et des concepts : l'intuition artificielle de l'ordinateur

1. Définition de la notion de forme et de concept

1.1. Un premier exemple : formes optiques

Imaginons que nous soyons un martien ou un habitant d'une planète proche venant de débarquer sur la Terre. Ce pourrait être l'un des astronautes du vaisseau spatial construits par la NASA martienne dont parle Jacques Monod dans le premier chapitre de son essai *Le hasard et la nécessité* (1970) et qu'il fait atterrir à côté de Barbizon.

Mais ici, notre vaisseau atterrit plutôt sur la presqu'île de Saint-Tropez au moment des Voiles de Saint-Tropez début octobre.

Supposons que nous fassions partie d'une civilisation martienne avancée au point que nous ayons avec nous des appareils photo numériques. Ces appareils photo numériques sont capables à un instant donné de mesurer précisément l'intensité de la lumière provenant de leur environnement dans un certain angle de prise de vue, en fonction de sa fréquence (en langage habituel, sa couleur) et de chacune des directions fines de l'espace, et donc de faire de leur environnement observé une représentation par des millions de nombres (les pixels) qu'on peut de nouveau transformer en une image.

Imaginons, à notre débarquement sur la presqu'île de Saint-Tropez que nous déclenchons notre appareil horizontalement vers la mer.

(Remarque pour le lecteur : nous sommes obligés d'employer le langage terrien pour m'exprimer ici afin d'être compréhensible vis-à-vis de vous. Il s'agit bien de décrire une action qui se passe dans le milieu intellectuel martien, si j'ose dire, qui n'a avant de venir sur la Terre, aucune notion vérifiée sur les réalités terrestres et leurs formes).

En analysant le résultat numérique de la prise de vue, nous, martiens, observons que sur la majeure partie de l'image les valeurs numériques sont assez aléatoires, un peu chaotiques — on aura deviné bien sûr que dans cette partie de l'image il s'agit de la représentation de la mer —. Mais au milieu de ce chaos, nous observons une tache claire. Il y a quelque chose de particulier : c'est une *forme*.

Encore plus précisément, nous voyons que cette tache claire a un contour séparant le chaos précédent de la plage claire. Nous voyons aussi que ce contour n'est pas aléatoire non plus : il a des parties rectilignes, ce qui doit signifier quelque chose. Maintenant ces parties rectilignes ne sont pas disposées aléatoirement : on distingue trois zones dont deux ont un contour constitué de trois parties rectilignes en triangle — le lecteur a compris que notre martien observe le foc et la grand-voile d'un voilier —, et la 3e un contour avec quatre parties rectilignes de tailles différentes en forme trapézoïdale — la coque —.

Fig. 1 : Un voilier. Que le lecteur nous pardonne : plutôt que de montrer un voilier classique Marconi avec une grand-voile et un foc, triangulaires, qui est bien celui dont le texte parle, nous avons préféré une belle goélette, par simple désir de beauté et d'esthétique.

Enfin, ces trois zones sont disposées de façon particulière, qu'on retrouve un peu plus loin dans l'image sur une autre tache qu'on peut décrire de la même manière.

Cette expérience est sans doute imaginaire : existe-t-il des martiens, qui plus est avec des appareils photo électroniques ? Mais cela montre un exemple de forme : constituée de sous-formes ayant des relations définies et pouvant se décrire aussi par des sous-sous-formes ayant des relations définies, etc.

1.2. Un deuxième exemple : formes acoustiques

Au lieu de regarder la mer et ses voiliers avec nos yeux et notre appareil photo, supposons maintenant que nous ayons amené de notre planète Mars et que nous utilisions un autre capteur de données : un appareil acoustique appelé vocodeur, qui analyse les vibrations de l'atmosphère c'est-à-dire les sons et mesure leur intensité fréquence par fréquence.

Si le son environnant est un simple bruit comme le bruit d'un vent léger dans lequel notre oreille ne détecte aucun son signifiant, les données fournies par le vocodeur ressembleront à notre chaos de tout à l'heure, avec des valeurs aléatoires et non corrélées.

Si cependant un son particulier se produit, par exemple une sirène de bateau, un mot prononcé par une personne humaine que nous venons de rencontrer par hasard sur la plage, un claquement… les données fréquentielles obtenues par le vocodeur auront des valeurs sortant des statistiques du bruit avec des corrélations particulières qui sortent de l'ordinaire. Il y aura ici aussi existence de formes. Ce sont dans ce cas des formes acoustiques.

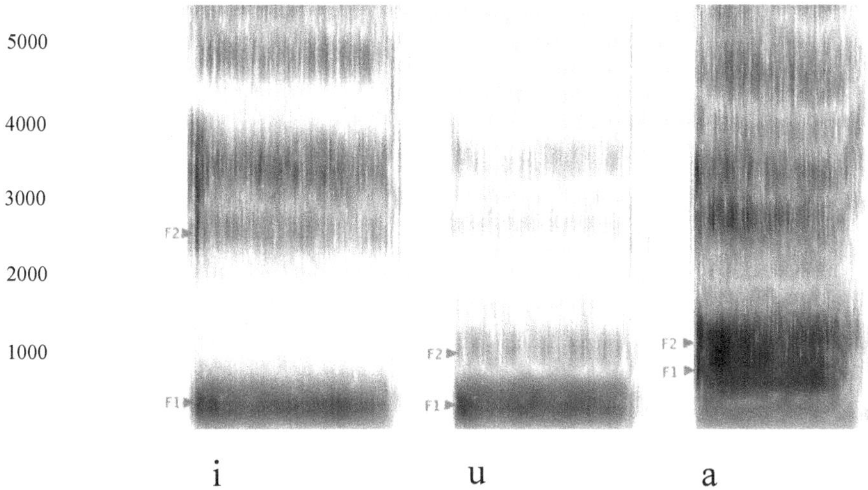

Fig. 2 : Images spectrales des sons-voyelles i, u, et a : intensité de l'énergie reçue en fonction de la fréquence (verticale) et du temps (horizontal).

Plaçons-nous dans le cas où les sons captés ou entendus par le vocodeur sont des sons parlés, prononcés par la personne à côté de nous, martiens. Dans la suite de ce texte, nous appellerons cette personne un locuteur, comme l'appellent les chercheurs scientifiques s'occupant de la reconnaissance automatique de la parole.

Les statistiques sur les caractéristiques des sons analysés montrent de grandes corrélations.

Par exemple sur certaines périodes de l'ordre de fractions de seconde, l'intensité de l'énergie sonore est plus forte à certaines fréquences, avec une relative constance de la valeur de ces fréquences. Ces faits non aléatoires impliquent là encore l'existence de formes. Nous les appelons des sons-voyelles.

Dans cet ensemble de sons-voyelles, les valeurs mêmes des fréquences porteuses d'énergie ne sont pas non plus aléatoires. Le nombre de types de répartition de ces fréquences dans chaque langue humaine est limité.

Chaque type de répartition montre des relations particulières entre les fréquences émises caractéristiques de formes différentes, les sons-voyelles : *a, é, eu, u, i, o, ou, on…*

Le lecteur imagine bien d'autres formes sonores prononcées par notre locuteur, il pense déjà bien sûr aux sons-consonnes. Les fréquences porteuses d'énergie montrent en effet des variations entre les périodes où elles ont une certaine constance. Ces variations peuvent être plus ou moins rapides, avec des émissions éventuelles de sons sur toutes les fréquences plus ou moins énergiques, plus ou moins brutales, et avec des mélanges de ces mêmes sons plus ou moins importants avec les énergies portées par les fréquences des voyelles. Ces caractéristiques sortant de l'ordinaire sont celles des sons-consonnes qui peuvent être représentées par des relations entre les sons de base obéissant à des critères caractéristiques de chacun.

C'est l'ensemble des sons-voyelles et sons-consonnes que les chercheurs appellent les *phonèmes*.

Notre vocodeur et le système d'analyse des signaux acoustiques précédents viennent donc de détecter pour nous martiens, l'existence de formes acoustiques différentes, les phonèmes émis probablement par notre voisin humain.

Si ce voisin sympathique n'arrête pas de nous parler de ce qui nous entoure, et que nous continuions à l'écouter, notre système devrait découvrir que ces phonèmes n'arrivent pas non plus de manière aléatoire, et qu'ils forment des suites qui se produisent plus souvent que d'autres, que certaines suites ne se prononcent jamais, et qu'il existe des corrélations statistiques importantes entre les phonèmes prononcés successivement.

En particulier, pendant notre conversation, si notre vocodeur analyse la statistique d'apparition successive des sons :

<v-o-a-l-i-é>
et<o-r-i-z-on>,

il trouvera qu'elles sont supérieures à ce qu'elles devraient être si ces sons étaient aléatoires. Il y a donc des formes au niveau supérieur des phonèmes, celles bien sûr correspondant aux mots que notre humain prononce.

1.3. Corrélation entre les formes optiques et acoustiques, les concepts

Supposons maintenant que nous ayons à la fois notre appareil photo numérique et le vocodeur comme terminaux de notre ordinateur analyseur des probabilités des mesures.

Supposons aussi que cet ordinateur, pendant une période suffisamment longue, mesure les probabilités d'existence des formes, et découvre une grande corrélation statistique entre l'observation de l'assemblage d'un triangle à côté d'un autre, le tout au-dessus d'un trapèze, et le fait que le vocodeur entende les sons successifs :

v-o-a-l-i-é

Cette corrélation implique l'existence, non plus d'une forme, mais de ce qu'on appelle à ce niveau plutôt un *concept*, le voilier, qui a un aspect, des propriétés et un nom.

Pendant plusieurs années et après l'analyse de multiples corrélations, de différents signaux et de différentes formes, nous et nos autres amis martiens serons amenés à découvrir les concepts de mer, de côtes, de vent, de régates et enfin de l'écriture correcte du concept précédent : voilier.

1.4. Les idées et définitions qui découlent de ces exemples

- *Première idée : les représentations de la réalité constituent la base de la détection et de la reconnaissance des formes*

Une forme est une notion qui s'extrait de représentations de l'extérieur, c'est-à-dire de valeurs mesurées par des dispositifs divers appelés capteurs ou senseurs.

Dans l'exemple précédent, ces représentations sont issues des données mesurées par l'appareil photo, le vocodeur de notre martien, ou bien sûr des impulsions données par les cellules de sa rétine oculaire et de son oreille.

- *Deuxième idée : la détection d'une forme*

Il y a forme lorsque les représentations de l'extérieur *sortent de l'ordinaire*. Plus exactement : *il y a très probablement une forme sous-jacente* lorsque ces représentations sortent statistiquement du chaos de données purement aléatoires. Les mesures d'intensité de lumière montrant une zone de points clairs voisins au milieu du chaos de l'exemple précédent illustrent ce point.

De même, le fait qu'à certains endroits les points dont les voisins appartiennent pour partie au chaos et pour partie à l'ensemble des points clairs (en français, les points du contour de la zone claire) se retrouvent le long d'une ligne continue, montre quelque chose de non aléatoire donc aussi une certaine forme un peu moins élémentaire : justement le contour de la zone claire.

Le fait que ce contour ait des parties rectilignes sort de même de l'ordinaire ; cela correspond sans doute à une forme pour ces parties rectilignes : les segments.

Le fait qu'en deux endroits, trois segments se rejoignent par leurs extrémités montre aussi quelque chose de non aléatoire, donc une forme : un triangle.

Si dans notre exemple précédent, nous étions en observation de plusieurs voiliers sur la mer, on observerait que l'ensemble deux triangles au-dessus d'un quadrilatère trapézoïdal se retrouve en plusieurs endroits, ce qui est là encore non aléatoire et on en déduirait l'existence d'une nouvelle notion, un voilier puis une régate.

Si on s'exprime de manière scientifique, on parlera de probabilités d'occurrence des différentes mesures en chaque point de notre caméra et de corrélations entre les mesures. *A priori* s'il n'y a pas quelque chose de particulier dans les mesures, les probabilités de leurs valeurs possibles sont à peu près égales et sans corrélations entre-elles. Si, en revanche, une forme apparaît à un endroit ou à un moment, les statistiques des mesures se différencient nettement et certaines mesures sont corrélées. C'est ce qui caractérise l'existence d'une forme, avant même qu'on ne la définisse.

- *Troisième idée : la description et la définition d'une forme*

Outre ces faits probabilistes permettant de détecter qu'il doit y avoir une forme, les données entrant dans le système de traitement paraissent, d'une certaine manière, ordonnées, et obéissant à des critères qu'on peut exprimer de manière plus ou moins précise ou plus ou moins complexe. Maintenant, on découvre ces formes cachées, on les décrit et on les définit.

Dans l'exemple précédent, les points clairs au milieu du chaos de la mer sont voisins et donnent lieu à des zones connexes de points clairs. Ce critère de voisinage et de connexité définit maintenant la forme à ces endroits (le *tissu de voile*, en français).

Les bords de la voile s'alignent : l'alignement définit la forme *segment.*

Ces segments forment un triangle : définition de la forme *voile*.

Quand dans l'exemple on voit un triangle à un endroit, on observe qu'il y a en général un autre à côté, ainsi qu'un quadrilatère en dessous. Il y a un ordre dans ce fait qui implique l'existence de la forme *voilier*, et la définit.

- *Quatrième idée : la hiérarchie des formes et des notions*

Les formes sont toujours organisées à la manière de poupées russes et selon une construction hiérarchisée.

Dans l'exemple présenté, on a bien observé différents niveaux hiérarchiques liés :

- la couleur des toiles de voile
- les toiles de voile
- les bords des toiles
- les bords des voiles
- les voiles
- un voilier
- on pourrait même continuer, en observant que ces voiliers ont toujours les voiles tournées du même côté, quand ils avancent dans le même sens. On arrive alors au niveau de concept, dépassant le niveau des formes, mais qui correspond au même formalisme : l'existence du concept de « vent » et du processus de propulsion des voiliers.

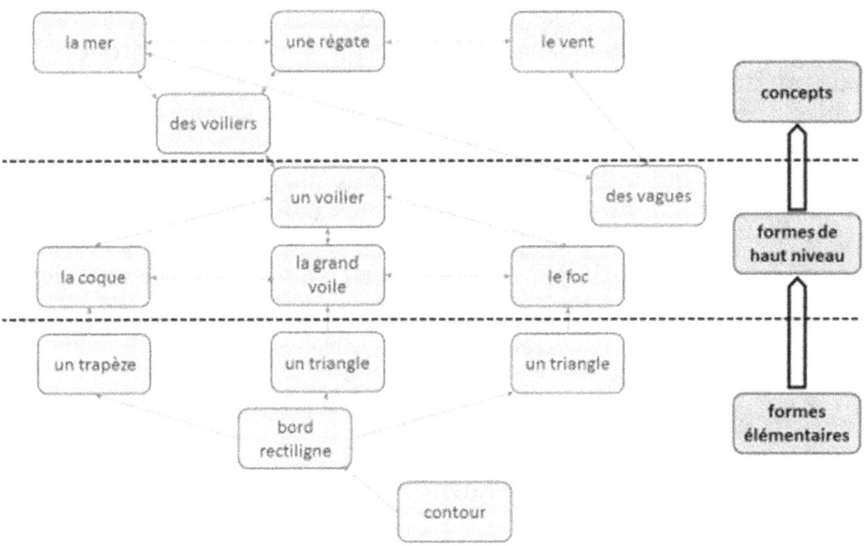

Fig. 3 : L'organisation hiérarchique des formes et des concepts

À chacun des niveaux pour chaque forme, il y a corrélation entre l'existence et les caractéristiques respectives des formes de niveau inférieur : positionnements, alignements, angles, dimensions, couleurs… donnant lieu à *quelque chose qui sort de l'ordinaire*.

Les références des formes de niveau inférieur et le détail qualitatif et quantitatif de leurs relations pour chaque forme représentent sa description et constituent donc de fait sa définition.

Malheureusement pour la clarté de ce texte et sa compréhension, nous avons décrit cette hiérarchie de formes et de concepts de manière trop simple et insuffisante.

En effet, il faut le plus souvent tenir compte aussi pour chaque forme des corrélations et des relations non seulement avec le niveau inférieur et ses parties, mais avec d'autres formes du même niveau, des formes des niveaux en dessous du niveau immédiatement inférieur, et même avec des formes de niveau supérieur.

Par exemple dans l'ensemble hiérarchique précédent des formes voiliers sur la mer, l'existence des concepts de mer, de régates, de vent… qui sont dans la hiérarchie des formes ou concepts au-dessus du niveau voilier, justifie l'existence de la forme voilier au moins autant que les liens entre les parties de notre voilier. Cette idée importante se retrouvera dans les exemples de systèmes réels qui seront décrits au paragraphe suivant et dont le fonctionnement est fondé sur ces principes.

Ces notions de formes transcendent complètement la nature et la physique de l'environnement : les mêmes critères de base sont applicables dans les domaines optique ou acoustique pour la définition et l'existence de formes. De même dans tous les autres domaines avec leurs capteurs et leurs données particulières : sonar sous-marin, jumelles infrarouges, capteurs de proximité, écoute de signaux spatiaux…

Cette idée s'applique aussi à tous les niveaux de la hiérarchie des formes jusqu'aux concepts les plus élevés. Cependant à ces niveaux élevés, les critères de définition des formes sont de plus en plus complexes et faisant plus largement appel à des probabilités et à des logiques dites « floues ». Typiquement par exemple les concepts de personnes grandes, de personnes intelligentes, de personnes belles ; sans parler bien sûr de personnes séduisantes.

1.5. Quelques réflexions philosophiques

Les quatre idées précédentes constituent une définition de la notion de forme.

Mais une forme existe-t-elle *a priori* dans l'absolu ? Pourquoi et comment existe-t-elle ? Est-ce une invention humaine ? Existe-t-elle dans un autre environnement et avec d'autres acteurs ?

Remarquons aussi qu'à côté des sens du mot de « compréhension », que nous avons tendance à lier à la notion de raisonnement, la détection et la reconnaissance des formes impliquent de base plutôt des critères de probabilités et de calculs inconscients de statistiques, ce que nous appelons en français l'intuition. Ce n'est qu'au niveau de la définition de la forme (après qu'elle eut été détectée) que notre cerveau construit alors sa description logique qui pourra ultérieurement s'inscrire dans des processus de réflexion qu'on pourra appeler intelligence logique.

Certains philosophes de l'intelligence, soutenus par l'approche neurobiologique d'Edelman (1989), ajoutent à ces mesures de probabilité des notions de valeurs qui quantifient leur importance et les renforcent ou non en les multipliant.

Une réflexion rapide, scientifique ou philosophique, montre qu'une forme n'existe en fait dans notre esprit que par ce qu'il construit sur la base de représentations. Les discours, les écrits, ce que nos yeux voient (par les impulsions de notre rétine), ce que nos oreilles entendent (par les impulsions sur la cochlée, ensemble nerveux interne à notre oreille) restent toujours des représentations.

Dans les discours ou écrits philosophiques ou scientifiques, c'est l'ensemble de ces représentations qui sont manipulées, transformées, transmises, fusionnées et qui donnent lieu à échanges et transformations : il peut s'agir de mots parlés ou écrits, de photographies, de dessins, de schémas, de données de mesure. Il peut s'agir à des niveaux plus élevés de textes, d'idées philosophiques, ce présent ouvrage…

Ce qu'on appelle réalité ou objets réels n'existe en fait pour les scientifiques et pour les philosophes que par l'intermédiaire de ces représentations, dans les écrits ou les discours, ou dans les milliards d'impulsions qui circulent dans notre cerveau.

Le lecteur remarquera que nous n'avons jamais dit ni écrit que la réalité n'existait pas. Au contraire, si nous raisonnons comme des scientifiques formels et puristes, étant donné le nombre incalculable d'informations et de représentations qui décrivent la réalité de manière (la plupart du temps) cohérente, il existe une probabilité tellement infime que la réalité n'existe pas, qu'on doit décider scientifiquement qu'elle existe.

Cela n'est pas une nouveauté. Il y a un nombre significatif de siècles, Platon disait déjà la même chose en présentant les humains comme des spectateurs au fond d'une grotte ne pouvant observer que les ombres des personnages qui passent devant la grotte, et non les personnages eux-mêmes[2]. Aujourd'hui la science rejoint la philosophie : on ne peut définir scientifiquement une forme ou un concept, les reconnaître, les prendre en considération dans nos réflexions, dans nos actions, dans nos ordinateurs, dans nos systèmes que par les caractéristiques de leurs représentations.

2. L'allégorie de la caverne dans le Livre 7 de « La république » (1993).

2. Prise en considération des formes dans les ordinateurs et les systèmes

2.1. *Les formes en ordinateur : pour quoi faire, et comment ?*

Jusqu'à présent nous n'avons fait que décrire ce qu'est une forme, qu'elle soit optique, acoustique ou autre, comment les formes et concepts sont tous entremêlés et ensemble constituent une représentation de ce qu'on appelle la réalité.

Maintenant, entrons dans l'univers des ordinateurs et des machines automatiques.

Les paragraphes suivants décrivent des systèmes de reconnaissance de formes existant et fonctionnant, pour beaucoup, depuis de nombreuses années.

Ils sont tous imbriqués dans des systèmes opérationnels plus grands ne tenant compte du traitement ou de la reconnaissance de forme que comme une entrée de données nécessaires à leur travail. Ces systèmes peuvent être automatiques comme le tri des lettres à La Poste, ou fondés sur une simple organisation humaine comme celle qui utilise les résultats de la reconnaissance de suspects par leurs empreintes digitales.

Ils sont aussi pour la plupart extrêmement utiles si on en juge d'après le niveau énormément élevé des investissements qu'ils nécessitent ou qu'ils ont nécessités : ils aident l'homme et dans certains cas ils sont plus efficaces.

Leurs qualités peuvent être :

- D'être capable de traiter dans le même temps que l'homme un nombre de formes infiniment plus important. C'est le cas de la reconnaissance des empreintes digitales, de l'écriture manuscrite, de la reconnaissance de visages.
- D'être capable, en analysant de très nombreuses données, de dresser des statistiques permettant de détecter par exemple des faits significatifs non visibles autrement
- D'être capable en regardant avec plusieurs prises de vues un objet, ou un certain environnement ou un certain paysage, de construire la représentation 3D de cet objet, de cet environnement, ou de ce paysage, alors qu'un homme pourrait passer des heures à effectuer ce travail sans avoir la même précision.

Dans d'autres cas, ils sont même nécessaires pour la mission du système opérationnel complet, comme l'ordinateur dans la tête du missile de croisière, qui « voit » le chemin qu'il suit et se recale sur sa trajectoire, et qui, après plusieurs centaines de kilomètres, observe la zone où se trouve l'objet qu'il doit atteindre, le reconnaît et vise en temps réel la fenêtre ou la porte dans laquelle il doit entrer.

2.2. *Lecture et reconnaissance automatique d'empreintes digitales*

Dès les années 1970, des chercheurs français ont commencé à étudier la problématique de l'automatisation de la reconnaissance des empreintes digitales afin d'accélérer et de rendre plus efficace pour les polices la recherche et l'identification de suspects. Il s'agissait au départ en France d'un petit laboratoire à Fontainebleau, dépendant de l'École des Mines de Paris, appelé Centre de Morphologie Mathématique. Il avait été créé en 1967 afin de faire avancer les recherches en traitement d'image et reconnaissance de formes. Après avoir mis au point un logiciel efficace de traitement et reconnaissance d'empreintes digitales, une partie du groupe a monté en 1982 une société pour l'exploiter.

C'était la société Morpho Systèmes. Elle a ensuite été absorbée en 1993 par le groupe SAGEM et a donc appartenu depuis 2007 au groupe SAFRAN.

Elle est devenue le leader mondial des solutions de sécurité et d'identité fondées sur la reconnaissance des empreintes digitales et d'autres technologies du même type comme la reconnaissance des iris oculaires.

Elle emploie maintenant 8600 personnes, dans 55 pays avec un chiffre d'affaires supérieur à 2 milliards d'euros.

C'est cette société qui équipe le FBI américain, la police de New York, Interpol, les Émirats arabes unis, l'Albanie, l'Inde…

Les formes à reconnaître sont composées de traits à détecter et à décrire, l'ensemble étant structuré par une constellation de points singuliers attachés à ces traits qu'on appelle minuties : des terminaisons de traits, des croisements, des branchements… dont la disposition est caractéristique de chaque individu.

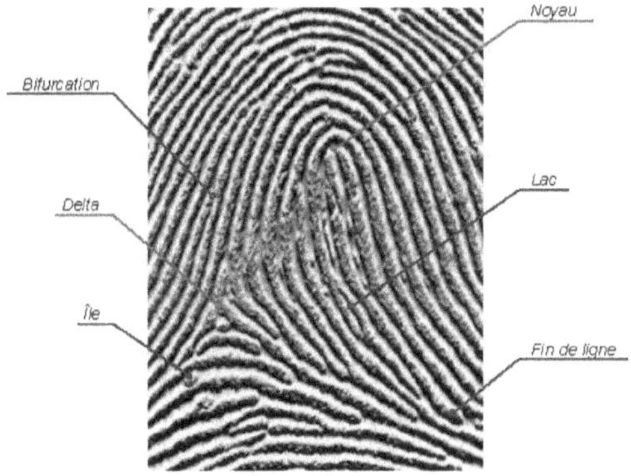

Fig. 4 : Empreinte digitale avec points caractéristiques.

Ce qui a été au début à la base de l'efficacité du système de traitement était la manière dont l'ordinateur détectait et décrivait les points caractéristiques : les « minuties », et la manière dont il décrivait la constellation qu'elles forment.

Mais de plus en plus le point dur technologique est devenu le classement et la recherche en mémoire des empreintes elles-mêmes. Le besoin du marché est de trouver en effet à qui appartient l'empreinte observée au milieu de millions d'individus, en un minimum de secondes. Il s'agissait alors de trouver la meilleure méthode d'organisation de la mémoire informatique nécessairement gigantesque, avec un bon algorithme de classement et de recherche.

Morpho a réussi, et c'est la raison principale de son positionnement de leader mondial.

Maintenant, la taille du marché de Morpho, et ses prévisions de croissance importante a poussé SAFRAN à prendre en compte l'écart de positionnement de Morpho par rapport aux activités principales de SAFRAN, dans les moteurs d'avions et de fusées.

SAFRAN a donc cherché à vendre Morpho à des actionnaires qui pourraient l'aider à étendre encore son marché beaucoup mieux que lui : au jour où ces lignes sont écrites, il a été vendu pour plus de 2,4 milliards d'euros à Advent et Bpifrance pour une fusion avec le groupe Oberthur et créé IDEMIA, le leader mondial actuel de l'« identité augmentée », étendant son emprise à de nombreuses autres technologies et produits utilisant la reconnaissance des formes principalement dans les domaines de la sécurité.

2.3. La construction du 3D et du relief géographique à partir d'images stéréoscopiques

La plupart des lecteurs de cet ouvrage ont déjà vu des images 3D ou en relief de paysages. Google Earth nous permet à tous de les observer, en nous donnant la possibilité de les orienter à notre guise et de modifier très facilement leur prise de vue.

Ces vues sont évidemment complètement reconstruites et ne correspondent jamais à des vues qui ont été prises réellement.

Elles proviennent d'observations stéréoscopiques numériques qui ont été prises en général par satellite : les satellites les plus utilisés sont les World View et Geoeye actuellement de Digital Globe du groupe Maxar, et les satellites Pléiades et Spot d'Airbus Defense & Space, avec Planet et ses constellations de petits satellites. Pour des prises de vues encore plus fines, Google utilise aussi des vues d'avion.

Ces vues numériques sont ensuite traitées au sol. Les positions des caméras de prise de vues sont reconstituées précisément par ordinateur à partir des informations fournies par les systèmes de contrôle du satellite ou de l'avion et par des recalages sur cartes qui sont faits par des opérateurs humains devant des écrans.

Fig. 5 : Image 3D de l'île de la Réunion, reconstituée numériquement.
Google Earth

Ensuite l'ordinateur corrèle point par point les deux images stéréoscopiques d'une zone donnée : en analysant les voisinages immédiats de chaque point, puis en détectant et mesurant les variations de luminosité significatives (caractéristiques des formes locales observées), il décide que deux points sur les deux images correspondent au même point physique au sol si leurs voisinages portent les mêmes formes. Ensuite, par un calcul géométrique simple, il calcule l'altitude de chaque point et construit ainsi ce qu'on appelle le modèle numérique du terrain.

Enfin pour chaque zone analysée, une opération complexe met en mémoire son modèle numérique de relief de terrain dans une base de données colossale, qui inclut aussi les images verticales du sol avec leurs coordonnées précises dans le monde entier.

À chacune des demandes de chaque utilisateur, un programme particulièrement rapide et optimisé va chercher dans cette base de données ce qui lui est nécessaire pour reconstituer le paysage tel qu'il serait vu réellement selon les demandes de l'utilisateur.

On a ici une symbiose remarquablement efficace des méthodes de prises de vue, de calcul, de reconnaissance, de corrélation, de mise et recherche en mémoire et de reconstitution, qui est typique de l'intelligence artificielle relative aux images : traitement, mémorisation, visualisation et reconnaissance.

C'est l'application Google Earth que nous venons de présenter. C'est sans doute l'application la plus connue des systèmes d'acquisition et de traitement d'images géographiques 3D.

À côté de cette application Google, on peut en trouver de nombreuses autres au sein d'organismes privés ou nationaux. On y trouve entre autres applications :

- le contrôle des catastrophes naturelles et leurs prévisions : prévision d'extension des inondations et des effets catastrophiques en fonction des hauteurs d'eau possibles ; prévision d'évolution d'incendies catastrophiques, calculée en fonction du relief et de la vitesse et de la direction du vent, donnant la possibilité de mieux planifier les missions des bombardiers d'eau.
- L'aide à l'urbanisme et l'architecture en simulant les vues observables de différentes positions
- L'aide à la navigation aérienne de défense, visant l'automatisation de la navigation à très basse altitude des avions de combat
- L'équipement en téléphonie mobile pour la décision des meilleures positions des postes réémetteurs, etc.

Cette même technologie est utilisée en particulier par les diverses agences spatiales comme la NASA américaine, l'ESA européenne, le CNES français pour préparer un certain nombre des missions de leurs sondes ou satellites.

Elles font des études pour concevoir des robots qui pourraient être envoyés en mission sur certaines planètes, en particulier Mars. Une fois le robot sur la surface de la planète, la mission peut prévoir des trajets du robot lui permettant de faire des observations, des mesures ou des prélèvements.

Comme la durée de transmission radio entre la Terre et Mars est comprise entre 4 et 24 minutes en fonction des positions relatives des deux planètes, une télécommande directe du robot est difficilement possible en terrain accidenté : il faudrait alors que les décisions temps réel soient prises par le robot lui-même en fonction de ce qu'il rencontrera, sous peine de le voir avancer trop lentement ou de ne le faire rouler que dans de grands terrains plats. Nous verrons plus tard comment peuvent se prendre ces décisions automatiques, mais on comprend aisément que pour les prendre, il faudra à notre robot une capacité de voir le relief rapidement, avec une vue stéréoscopique. Un ordinateur opérant comme précédemment permettra au robot d'avoir « dans la tête » la représentation exacte du relief.

L'atterrissage lui-même du robot avant qu'il remplisse sa mission nécessite aussi ce type de capacité. Jusqu'à présent les sondes spatiales qu'on a fait atterrir sur Mars ou sur des comètes, atterrissent en des endroits plats pour qu'*a priori* l'opération se passe sans danger pour la sonde. Mais on pourrait prévoir des missions sur des zones non plates qui peuvent être souvent plus intéressantes pour certaines nouvelles analyses et observations.

Il faut alors que le véhicule atterrisseur dispose aussi d'un système stéréoscopique automatique du même type qui lui permette d'observer en temps réel les aspérités locales de la zone de contact, pour les éviter et autoriser sans danger les atterrissages demandés.

Les systèmes en question sont bien développés. Pour la mission sur Mars, ils n'attendent plus que les missions réelles existent.

2.4. *La segmentation de paysages et de vues extérieures*

Dans les études extrêmement importantes que nous détaillerons plus loin sur la voiture autonome, une fonction est nécessaire dans l'ordinateur du véhicule, ainsi que sa précision et sa fiabilité, c'est la capacité à détecter sur une image de rue ou de route tous les objets fixes ou mobiles qui entourent le véhicule, ainsi que les reconnaître et définir précisément leurs possibilités de mouvements, lesquelles et avec quelle probabilité[3].

D'après le rapport de l'Artificial Intelligence Index de Stanford University (2021), on arrive à une performance de 82 % avec un apprentissage normal, et 85 % avec un apprentissage plus élaboré.

On voit bien que beaucoup de progrès reste encore à faire pour gérer cette imprécision. Il faut bien sûr d'autres méthodes complémentaires fondées sur d'autres principes physiques qui contribueront à la précision nécessaire. Un exemple serait d'améliorer la précision du système de navigation par satellite (dit GPS) pour déjà recaler plus précisément le véhicule sur sa route. C'est ce que développe, en Europe, Thales Alenia Space qui a été sélectionnée par la Commission Européenne pour ce faire.

2.5. *La construction de la représentation 3D de l'intérieur d'un local*

Les méthodes précédentes de construction de représentations 3D géographiques sont actuellement bien au point et utilisées dans de nombreuses applications.

En revanche la construction 3D progressive de l'intérieur d'un local, qui est une application particulière de ces méthodes et qui peut présenter une grande utilité dans les cas d'incendie, de catastrophe ou d'aide aux secours, est encore loin d'être opérationnelle. C'est le système *locindoor complet*.

3. On peut d'ailleurs noter que les rares accidents dus aux voitures autonomes sont essentiellement causés par des erreurs de reconnaissance des éléments qui sont autour du véhicule (voir le paragraphe 8.3 du chapitre 4).

Le mot *locindoor* signifie, en pseudo-anglais, « localisation à l'intérieur de bâtiments ». Un système *locindoor* permettrait de se localiser en temps réel à l'intérieur de maisons ou de bâtiments fermés, sans connaître a priori la disposition et l'occupation des locaux.

Lorsqu'on connaît la disposition des locaux, on parle alors de *locindoor simple*. La connexion avec les satellites GPS étant très difficile sinon impossible, le système utilise des repérages par petites balises. La localisation se fait alors par ces balises et le support cartographique local représentant l'intérieur du bâtiment.

En revanche, si on ne peut utiliser de carte parce que c'est la première fois qu'on pénètre dans ce bâtiment, ou si on ne peut pas déposer *a priori* des balises, il faut disposer d'un système nécessairement plus élaboré, le *locindoor complet*.

Son but est en quelque sorte de simuler ce qu'on observe en entrant dans un local inconnu qui peut avoir plusieurs pièces, des couloirs, des portes, des meubles… et, en mémorisant ce qu'on voit successivement, reconstruire l'ensemble du local, avec son plan et l'intérieur des pièces. Après avoir parcouru l'ensemble du local, on pourrait alors visionner le tout et refaire un parcours virtuel en ne suivant pas nécessairement le même chemin.

Ce serait alors faire réaliser par un système électronique ce qu'un homme fait inconsciemment quand il entre dans une maison inconnue et se souvient ultérieurement du plan et du contenu de cette maison.

Cela pourrait servir à des pompiers pour pénétrer dans des immeubles qu'ils ne connaissent pas et effectuer leur mission de sauvetage au mieux et rapidement. Il peut évidemment servir aussi à des militaires en opérations urbaines.

C'est actuellement un système non encore opérationnel, et donnant toujours lieu à recherche et développement. Mais certains produits montrent déjà un certain début de réalisation, comme les produits *MyCaptR* © de la société Levels 3D, ou le *Project Tango* de Google.

Les méthodes étudiées et en cours de développement sont fondées aussi sur de la corrélation des données observées par les caméras. Mais elles sont beaucoup plus complexes que les précédentes. Il faut corréler localement aussi les images. Mais la construction de la représentation 3D se fera de manière approximative au départ, en s'améliorant au fur et à mesure des observations : les représentations successives seront corrélées à plus haut niveau entre elles-mêmes, permettant d'améliorer la précision et la représentation des volumes du bâtiment qui se rapprocheront peu à peu de la réalité. Les opérateurs humains pourront alors l'utiliser pour mener leurs opérations.

Les recherches sont aujourd'hui assez avancées. On peut estimer qu'en utilisant encore un certain niveau de coopération entre l'homme et la machine, un système complet pourrait être opérationnel dans quelques années.

2.6. Le recalage de mission des missiles de croisière

Quelques pays ont développé des systèmes de missile, dits de croisière, extrêmement sophistiqués et permettant de mener en temps de guerre des actions sur des structures hostiles fixes de manière extrêmement précise, sans aucun dégât collatéral, contrairement à ce que faisaient toujours à une certaine époque les bombardements aveugles qui pouvaient faire presque autant de victimes chez les alliés et les civils que chez les ennemis.

Ce sont notamment les missiles AGM-129 ACM, et ALCM américains, le Taurus allemand et le SCALP/EG-Storm Shadow franco-britannique.

Les missiles de croisière sont en général largués d'avions ou de navires, et peuvent atteindre une cible à un nombre significatif de centaines de kilomètres du point de largage, et avec une précision pouvant être mesurée en quelques décimètres.

Ils volent très bas en suivant le relief et en recalant leur trajectoire sur la forme du relief, avec dans certaines versions des recalages sur points caractéristiques géographiques. Lorsqu'ils approchent de leur cible prévue, ils ont ensuite un mode de fonctionnement plus sophistiqué qui leur permet de reconnaître précisément leur cible : une fenêtre, une source radar, la porte d'un quartier général, ou d'un dépôt… et de remplir leur mission.

Chacun de ces missiles fait de la reconnaissance de formes tout au long de sa mission :

Le relief de la trajectoire prévue est calculé les jours précédant la mission à partir d'images de satellites, qui donnent de bonnes images stéréo des régions du globe impliquées, en utilisant les méthodes des paragraphes précédents. Pendant la navigation du missile pour atteindre la localisation de sa cible, il fait la corrélation entre ce relief qu'il a en mémoire de la trajectoire prévue et celui que son altimètre mesure.

Lorsqu'il atteint l'environnement de sa cible, son ordinateur embarqué analyse avec sa caméra frontale le paysage devant lui. À chaque fraction de seconde, il détecte les contours ou traits caractéristiques de la scène, et mémorise le dessin représentatif de ce qu'il observe.

Depuis le début de la mission, il a en mémoire le dessin 3D du bâtiment à viser avec l'indication de l'endroit précis qu'il doit atteindre, dessin qui a été construit au préalable par un traitement ordinateur d'image de satellites ou d'avions beaucoup plus précis. Enfin le missile corrèle les deux dessins, reconnait sa cible et effectuent sa mission.

Si le missile ne reconnaît pas exactement sa cible, cela lui prouve qu'elle a déjà été attaquée et écroulée, et il se crashe là où on lui a indiqué qu'il le peut : ni une école, ni un hôpital.

2.7. *La reconnaissance de visages*

Un nombre significatif de systèmes d'usage à la fois courant et de grande utilisation utilise des outils de reconnaissance de visages humains. Ils couvrent des applications très différentes, depuis des applications de confort ou pour les réseaux sociaux, jusqu'à des applications de sécurité de tous niveaux. On peut en citer certaines :

- Recherche de visages dans les bases de données des réseaux sociaux :

- Windows 10 avec son produit Hello. Son application vous concerne si vous êtes utilisateur du système Windows. Il peut rechercher par exemple dans sa base de données les photos des amis que vous voulez retrouver.
- Google Picasa qui permettait, comme le fait Hello, de repérer dans votre base de données photographiques les images de vos amis, et qui a permis aussi dans une version plus récente de classer des formes plus largement que les seuls visages. Cette dernière version n'est manifestement pas au point. Elle a fait scandale l'an dernier en « reconnaissant » un couple d'humains comme étant un couple de singes. Il nous paraît clair qu'un bug informatique ne devrait pas arriver à une telle conclusion, et qu'il est probable qu'il pourrait s'agir d'une erreur simple de conception ou d'une action non contrôlée d'un programmeur. L'application a été supprimée de Picasa, qui n'est d'ailleurs plus opérationnelle.
- Facebook a aussi développé un tel outil en 2014, le Deep Face, fondé sur un algorithme type *deep learning* (ou « apprentissage profond » que nous décrirons dans la suite). D'après Facebook, il détermine si deux visages appartiennent à la même personne avec une précision de 97,25 %, alors que la performance des humains est de 97,53 %. Mais son utilisation a été suspendue dans certains pays européens qui ont estimé son utilisation comme trop intrusive.

- Clef de sécurité pour l'utilisation de smartphones :

- C'est le cas du produit développé par Android version 4 pour sécuriser l'utilisation des téléphones utilisant Android.
- Après avoir utilisé la reconnaissance d'empreintes digitales pour sécuriser l'utilisation des iPhone et iPad (déjà de la reconnaissance de formes), Apple utilise depuis l'iPhone X la reconnaissance de visage comme clef d'entrée sécurisée.

- Gestion des bases de données photo : le Lightroom d'Adobe Photoshop est utilisé comme outil pour ses utilisateurs.
- Validation d'un paiement en magasin : le système *Uniqui* finlandais recherche par son image observée les références du client dans la base de données du magasin. Le client et la caissière n'ont plus alors qu'à valider la transaction.
- Caméra de vidéosurveillance avec reconnaissance faciale : le produit Welcome de la société Netatmo détecte et reconnaît les

éventuels intrus dans un bâtiment. Ce système nécessite une longue période d'apprentissage pour mettre en mémoire les bonnes caractéristiques des figures amies. En revanche, son prix d'achat est très faible : de l'ordre de 200 €.

- Plus récemment, les besoins de sécurité dans les gares, les aéroports et les zones sensibles, qui se développent considérablement, amènent les responsables de ces zones à s'équiper de tels dispositifs, souvent reliés à des bases de données policières. Ils augmentent ainsi la sécurité, mais aussi le confort des passagers ou visiteurs, qu'on est alors à même de contrôler — en les prévenant au préalable — sans les arrêter nécessairement pour leur demander leur passeport, et sans même leur parler. C'est le cas des aéroports australiens, français et des gares de Paris, Londres, Bruxelles.
- Notons aussi qu'IDEMIA, l'ex-Morpho, société française leader mondial dans le traitement et la reconnaissance des empreintes digitales, et dont nous avons précédemment décrit l'histoire, travaille aussi sur la reconnaissance faciale depuis des décennies, en particulier avec Interpol depuis 2012. Elle est devenue son partenaire exclusif depuis la fin de 2016.

Cette expérience chez IDEMIA a été particulièrement reconnue depuis avril 2021, puisqu'à cette date, elle a décroché la première place mondiale en matière de précision dans le test international « Face Recognition Vendor Test » du NIST, le « National Institute of Standard Technology » américain.

Fig.6 : Analyse automatique des points caractéristiques d'un visage, à la base des processus de reconnaissance d'un visage, ou d'identification de l'humeur de la personne observée.

- On peut terminer cette liste de loin non exhaustive par l'application suivante, qui pourrait prouver que dans le monde, y compris chinois, l'imagination a peu de limites.
  Deux sociétés, l'une chinoise, Baidu, spécialiste des technologies avancées, en particulier de la reconnaissance de visages, et l'autre Kentucky Fried Chicken, américaine, ont installé un restaurant « high tech » à Pékin. Celui-ci dispose de scanners de visages et recommande les menus qui correspondent à l'aspect de la personne qui commande. Selon Baidu, « un client masculin âgé d'une vingtaine d'années » peut se faire recommander « un Tower, des ailes de poulet et un pepsi au déjeuner », alors qu'une « femme d'une cinquantaine d'années » pourra se faire proposer « du porridge et un lait de soja au petit déjeuner ».

Ces systèmes utilisent diverses méthodes de description du visage :

- D'abord la détection des points caractéristiques du visage, autour des yeux, du nez, de la bouche, du contour de la figure, et les mesures de leurs positions relatives.

- Ensuite on peut ajouter localement des critères de texture de peau

- Enfin, l'ensemble de ces paramètres peut faire l'objet de classifications partielles et croisées, qui permet d'une part de définir l'organisation de la base de données de référence, d'autre part de rechercher rapidement les caractéristiques du visage à reconnaître et du nom de la personne.

D'après le NIST, le « National Institute of Standard Technology » américain, le taux d'erreurs des meilleures machines de reconnaissance de visage, à fins de vérification dans les systèmes de sécurité atteignent bien mieux que le 1 % (données de 2020)

En marge de ces systèmes de reconnaissance de visages sur images fixes, qu'on voit surtout appliqués à des besoins de sécurité ou de pur divertissement ou de communications sociales, des systèmes de reconnaissance sur images animées permettent maintenant de mesurer d'autres paramètres liés au mouvement et de rendre encore plus fiables les applications de sécurité. Les caractéristiques de mouvements peuvent indiquer des comportements significatifs de certaines personnes, comme un signe d'endormissement d'un conducteur de véhicule.

Certains systèmes en fin de développement et prêts à être installés peuvent ainsi détecter sur données vidéo les conducteurs de véhicules qui n'ont pas mis leur ceinture de sécurité, qui téléphonent, ou qui dépassent les lignes jaunes.

Enfin des systèmes d'analyse des positions et mouvements d'un ensemble de personnes commencent à être utilisés pour par exemple mesurer les mouvements d'athlètes, ou les mouvements de foules. Le rapport 2021 *Artificial Intelligence Index* de Stanford University montre une performance moyenne de ces systèmes de l'ordre de 80 %.

2.8. La lecture et reconnaissance automatique de l'écriture manuscrite.

La lecture automatique des noms et des adresses écrites à la main ou de manière imprimée permet d'automatiser le tri des lettres et l'organisation de leur distribution par les services postaux. Cette recherche a duré aussi quelques décennies avant d'avoir une utilisation opérationnelle importante.

Le besoin de telles machines s'est fait sentir depuis les années 1950. La première machine réellement opérationnelle, la Hotchkiss Mecanisation est sortie dans les années 1970. En 1980 on arrivait à traiter jusqu'à 28 000 lettres à l'heure. Actuellement la Siemens MTI GF arrive à traiter 42 000 lettres à l'heure avec 480 sorties différentes.

Ces machines nécessitent tout de même des opérateurs humains qui traitent les enveloppes ayant été détectées par la machine comme non lisibles, et qui interviennent aussi pour les problèmes de circulation des plis et de blocages mécaniques éventuels. Il faut en effet tenir compte d'un taux de rejet par l'ordinateur de 10 à 30 %, en fonction de la qualité de l'enveloppe et de l'écriture.

La plupart des pays occidentaux sont équipés et ont investi significativement : le centre de Cestas en Gironde créé en 2004 occupe 440 personnes autour de 9 machines et a nécessité un investissement de 55 M€.

Par ailleurs d'autres petites sociétés proposent des produits permettant une plus grande qualité de reconnaissance, mais avec un débit de traitement des documents bien inférieur au problème des postes. Un exemple est la société A2iA qui vend ses systèmes aux banques pour la lecture automatique de chèques en Europe et aux États-Unis, avec plus de 50 000 bornes de remise de chèques. Mais aussi aux assurances, aux hôpitaux, aux services d'archives divers.

La technologie utilisée dans ces systèmes est fondée sur :

- La détection des lignes tracées par le stylo
- L'analyse des formes élémentaires composant les lettres et les mots, formes dont nous avons nous-mêmes conscience, dans une certaine mesure. Ce peut-être les segments droits, les segments courbes avec une mesure de leur courbure, les angles, les inflexions, les rebroussements…
- Puis au niveau supérieur de description, les agencements de ces formes élémentaires pour reconnaître les lettres.
- Puis l'agencement des lettres pour reconnaître les mots.

En fait, l'ordinateur effectue un travail encore plus complexe. On comprend bien que les mots écrits peuvent être mal écrits, et ils le sont souvent. Pour que la machine tienne compte des erreurs de détection des formes élémentaires ou des lettres que cela entraîne, l'ordinateur évalue les probabilités que telle ou telle forme élémentaire ou que telle ou telle lettre soit à tel ou tel endroit.

Si par exemple la « jambe » d'un « q » est petite ou même disparaît, l'ordinateur donnera une certaine probabilité à la lettre « a » et une autre à la lettre « q ».

Ces probabilités auront au préalable été mesurées par des dispositifs dits d'*apprentissage* nécessitant de très nombreuses mesures avec pour chacune l'opinion d'un humain.

Quand l'ordinateur se place au niveau de la reconnaissance du mot, il dispose au départ d'une liste qui peut être extrêmement grande de mots possibles. Des descriptions précédentes et leurs probabilités il déduit la probabilité d'un certain nombre de mots candidats.

Si un mot montre une probabilité de détection plus grande que 99 % par exemple (ou moins en fonction des besoins de base du système global), il peut décider que c'est en effet le mot en question dont il s'agit. Sinon, la machine passe la main à un opérateur humain qui prend la décision.

On imagine bien le travail, les réflexions et les nombreux tests et mesures que cela a pu nécessiter. Le système n'obtient jamais 100 % de réussite, comme pour un humain d'ailleurs, mais la précision suffit pour que le nombre d'opérations manuelles restant à effectuer diminue considérablement.

La machine et son programme sont conçus pour que le compromis entre le taux de fausses détections et le nombre de transmissions inutiles à un contrôleur humain soit le mieux adapté possible au besoin et à la fatigue de ce contrôleur.

2.9. La reconnaissance de la parole et des mots parlés.

Les premières recherches dans le domaine de la reconnaissance de la parole ont démarré dans les années 1960, alors que les ordinateurs existaient à peine. Mais cela n'empêchait pas les mesures fréquentielles des sons et l'analyse des caractéristiques des différents phonèmes (*a, e, ou, r, t, ch*...) ainsi que de leur variabilité en fonction du *locuteur* (la personne qui prononce les mots ou les phrases).

L'évolution considérable des ordinateurs et des méthodes de classification et reconnaissance a permis de déterminer beaucoup plus précisément toutes ces caractéristiques et leur variabilité en fonction à la fois du locuteur, du positionnement relatif de ces sons dans le mot et du niveau du bruit environnant.

Les algorithmes qui reconnaissent les mots dont on a essayé de reconnaître les phonèmes ont été aussi largement perfectionnés. Comme la reconnaissance des phonèmes et couples de phonèmes s'effectue avec un certain taux d'erreurs, c'est cet algorithme de reconnaissance des mots qui gère toutes les probabilités et qui corrige ces erreurs. Le taux de reconnaissance des mots est ainsi relativement meilleur que le taux de reconnaissance des phonèmes. On devine en effet le mot comme le font les humains, même en se trompant sur quelques sons.

Ensuite si le système qu'on veut n'a pas seulement pour but de reconnaître un mot, mais aussi le sens d'une phrase, d'autres chercheurs ont construit les systèmes logiciels qui analysent la grammaire puis la sémantique des phrases dont on a reconnu les mots avec un certain taux d'erreur. On décrira plus loin, au chapitre 5, ces dernières recherches qui sont plus considérées comme du domaine de l'intelligence artificielle symbolique que de celui de la reconnaissance des formes.

Les performances de reconnaissance de mots isolés dépendent pour beaucoup de la qualité du son, du bruit ambiant et bien sûr du nombre de mots possibles à reconnaître. Les taux d'erreur obtenus sont actuellement d'après le rapport 2021 Artificial Intelligence Index de Stanford University entre 1,4 et 3 % d'erreurs en fonction du bruit ambiant et des données, sur une base de 1000 h de parole du « Librispeech ».

En parallèle les chercheurs peuvent en profiter pour mesurer le taux de reconnaissance du locuteur. Par exemple de telles mesures sur la base d'un corpus « VoxCeleb » de 6000 locuteurs montrent, d'après le même rapport 2021 Artificial Intelligence Index de Stanford University, un taux d'erreur de 0,6 %.

Quelques applications les plus typiques de ces techniques, par ordre de complexité croissante et aussi d'intérêt commercial croissant :

- Reconnaissance de quelques mots, indépendamment du locuteur : typiquement les commandes vocales de recherche de service au téléphone (qui deviennent de plus en plus courantes), aussi certaines communications vocales avec des jouets.
- Reconnaissance de plusieurs dizaines ou centaines de mots, adaptés au locuteur lors d'une phase d'apprentissage de la machine et nécessitant une informatique simple : comme les commandes vocales de fonctions particulières dans les voitures.
- Reconnaissance de milliers de mots adaptés au locuteur et nécessitant une informatique plus complexe : dictées vocales et entrées pour les programmes de traduction automatique. Le marché est vaste et moteur. On trouve surtout la société Nuance avec *Dragon Naturally Speaking*, *Dragon Dictate*, *Dragon Medical*, qui a eu l'occasion et l'intelligence de s'associer à Windows. Mais aussi Natural Reader, Dictation Pro, et un produit Android.
- Enfin le système de reconnaissance construit comme appui à un « assistant informatique » dans les ordinateurs actuels. Il dialogue et comprend ou essaie de comprendre les phrases dans un univers particulier, indépendamment de la manière de parler du locuteur : le marché le plus vaste et le plus moteur est celui des ordinateurs assistants personnels et des smartphones. On trouve ici naturellement Microsoft avec le produit *Cortana*, Apple avec *Siri,* Samsung avec *SVoice*, Google avec *Google Home*.

Les grands groupes comme Google, Apple, Facebook, Amazon et Microsoft (les GAFAM) investissent énormément dans ces techniques et sont au premier rang dans les services liés à ces systèmes. Ils utilisent notamment la technique de l'apprentissage profond dont nous parlerons plus loin et qui leur donne une efficacité remarquable. Une autre raison de l'efficacité de ces systèmes est que le logiciel n'est pas seulement dans l'ordinateur personnel, mais aussi dans le « *cloud* » du fournisseur de service qui a une puissance de calcul considérablement supérieure à celle de l'ordinateur personnel connecté.

Enfin, il faut souligner l'importance de l'analyse fine de l'écosystème dans lequel les clients utilisent leurs services.

Il y a une dizaine d'années, une société de montage de circuits électroniques avait eu l'idée d'équiper les ouvrières (très grande majorité d'ouvrières et très peu d'ouvriers) qui faisaient les montages devant leurs microscopes, d'un système de reconnaissance de la parole pour commander leurs machines, et minimiser leurs mouvements manuels.

Le résultat a été catastrophique : les ouvrières ne pouvaient plus discuter entre elles, elles ont fait grève et la direction a retiré le système.

De la même façon, il y a une dizaine d'années les voitures Peugeot de haut de gamme avaient un système de commande vocale de certaines fonctions : navigation, téléphone, lumière, radio… La société ne le propose plus. La cohabitation entre ce système et les conversations à l'intérieur de la voiture n'était en effet pas très confortable. Surtout lorsque vous aviez de jeunes enfants à l'intérieur, ou une épouse, ou un mari farceurs qui trouvaient un malin plaisir à parler juste aux moments où vous essayiez d'utiliser les commandes.

3. Bilan sur les développements importants passés en reconnaissance des formes

Certains systèmes correspondent à des travaux ayant démarré il y a extrêmement longtemps, et bien avant l'invention des ordinateurs :

- Le plus typique est la reconnaissance d'empreintes digitales dont les études ont démarré avec William Herschel, Henry Faulds et Alphonse Bertillon depuis plus d'un siècle. Cette méthode a eu le temps d'être validée correctement avant la prise en compte par les ordinateurs.
  Ce qui a été nouveau et apporté par les ordinateurs est la gestion de la mémoire informatique, qui permet une rapidité à la fois tout à fait remarquable et bien sûr nécessaire pour chercher une empreinte parmi des millions.

- Les travaux sur l'écriture manuscrite ont démarré aussi il y a de nombreuses décennies. En revanche, le transport rapide des plis devant les caméras et la gestion des plis hors norme ont donné lieu à des travaux largement sous-estimés au départ, qui ont nécessité une longue période d'essais avant d'arriver à une certaine opérationnalité.

- La reconnaissance de la parole a aussi nécessité des décennies de travaux. Et les performances sont très loin d'être parfaites… La compréhension du langage parlé par un humain se fait en tenant compte des erreurs qui peuvent être faites à tous les niveaux : sons, phonèmes, mots, phrases, sens des phrases. Depuis quelques années, les reconnaissances au niveau élémentaire, sons, phonèmes, mots s'améliorent grâce à l'utilisation des méthodes d'apprentissage profond que nous verrons au chapitre 4.
  Mais le problème le plus difficile est encore la reconnaissance du sens des phrases, l'un des objets du chapitre 5.

Il y a un peu moins longtemps, mais tout de même il y a plus d'une trentaine d'années, les travaux ont commencé sur :

- Les images stéréoscopiques et la création des modèles numériques de terrain :
  Depuis beaucoup plus longtemps, les outils de photogrammétrie étaient utilisés dans le même but, mais comme aide à un traitement humain de corrélation locale des points des images stéréoscopiques. Ce n'est que dans les années 1980 qu'on a commencé réellement à étudier l'automatisation de ces outils.

  Dans le cas de l'utilisation proposée par Google dans Google Earth, on a été obligé de traiter une complexité supplémentaire importante : la gestion de l'ensemble du système, sa mise à jour permanente, et la gestion de la structure informatique énorme qu'elle implique pour permettre l'utilisation du système par des millions de personnes dans le monde.

  La mise en place de ce produit Google avec le développement qu'elle implique a été faite depuis une dizaine d'années seulement. Elle inclut des relations industrielles et commerciales entre Google et les opérateurs de satellites ou d'avion apportant les images. Enfin la quantité et la complexité des opérations de traitement à effectuer ont nécessité une puissance de calcul et une quantité de mémoire colossales qu'il a fallu installer.

- La reconnaissance des visages. Signalons là aussi l'accélération des performances des systèmes opérationnels depuis quelques années, due en partie à l'apprentissage profond.

- Les méthodes de corrélation automatique d'images temps réel qui ont servi de base par exemple à la navigation automatique de certains aéronefs.

- Enfin l'application plus générale de la voiture autonome, en cours de développement impliquera de base la reconnaissance automatique des routes, des autres véhicules et de tous les objets le long du trajet, fixes ou mobile, qui devront obligatoirement être détectés et reconnus, pour garantir une évidente sécurité. Cette intelligence de la voiture autonome impliquera d'ailleurs en parallèle un autre type d'intelligence, plus logique celle-là que l'intuition portée par la reconnaissance des formes, et qui fait l'objet du chapitre suivant.

CHAPITRE 2

L'intelligence artificielle symbolique : décisions et gestion intelligente des actions dans les ordinateurs

1. Les principes de l'intelligence artificielle symbolique

L'intelligence artificielle des débuts - qu'on appelle maintenant symbolique -- était clairement séparée de la problématique de la reconnaissance des formes, par le fait même qu'elle ne traitait que de la logique de manipulation de formes et de notions dont elle supposait l'existence *a priori*, avec leurs définitions et leurs propriétés. Il s'agissait de créer une machine qui construirait elle-même son raisonnement pour résoudre un problème.

Le paragraphe 3 montre quelques exemples ou applications parmi les plus typiques et les idées de base principales du fonctionnement de ces programmes.

De manière générale, on verra application par application que les méthodes utilisées dans ces cas concrets sont extrêmement multiples et consistent généralement à utiliser les connaissances humaines des problèmes, les théories adaptées à chaque problème, le raisonnement humain et le pragmatisme.

Enfin peu d'apprentissage était utilisé dans ces cas à l'origine. Cela a changé considérablement après la fusion que l'on décrira au chapitre 4 entre la reconnaissance des formes et cette intelligence artificielle des débuts.

Il faut reconnaître que les développements des systèmes de pure intelligence artificielle symbolique apparaissent bien moins avancés que ceux qui s'appuient en même temps sur la reconnaissance des formes. Nos exemples du paragraphe 3 le montrent bien : le besoin de disposer d'un système de démonstration de théorème ou qui joue aux échecs est faible vis-à-vis de son retour sur investissement.

En fait les activités de ce type donnant lieu à investissement sont presque exclusivement :

- Les méthodes de recherche opérationnelle, avec leurs applications pointues sur de nouveaux problèmes précis : industriels, financiers ou d'organisation.
- La reconnaissance du langage parlé en continu, détectant le sens des phrases. Mais de plus en plus s'y introduisent des méthodes de reconnaissance de formes.

Les autres applications correspondent pour la plupart à des activités de centres de recherche, mais non à de réels développements industriels.

Enfin, et on verra pourquoi dans la suite, les développements actuels utilisent de manière fusionnée l'intelligence artificielle symbolique (la réflexion) et la reconnaissance des formes (l'intuition). Le type le plus représentatif de tels systèmes est sans doute la voiture autonome.

2. Les outils de l'intelligence artificielle classique

Nous donnons ci-dessous quelques définitions des techniques utilisées en IA classique. Le fait que ces techniques soient très diverses traduit la variété des facettes de l'intelligence en général ! À base de connaissances précises (*systèmes experts*), ou de raisonnements formels (*logiques diverses*), ces premières formes d'intelligence restent explicites ; avec les *algorithmes génétiques*, l'aspect apprentissage automatique est pris en considération, dans des cadres plus implicites ; puis, les *raisonnements à base de cas* se fondent sur la notion d'analogie alors que dans les *systèmes multi-agents* la communication donne une forme plus sociale à cette intelligence.

2.1. Les débuts

Avant de détailler brièvement ces quelques points, mentionnons pour mémoire les premières approches de l'IA pour résoudre les problèmes combinatoires, appliquées aux situations de type jeux à deux joueurs jouant successivement avec information complète comme les échecs ou le go (chacun connaît exactement la situation à chaque instant). L'algorithme appelé « mini-max » consiste à construire un arbre des possibilités pour un nombre limité de coups et à assigner à chaque nœud une valeur qui tient compte des bénéfices respectifs de chacun des joueurs. Le meilleur choix d'un joueur est celui qui maximise ses bénéfices tout en minimisant ceux de son adversaire. L'élagage « alpha-beta » est une autre méthode qui améliore cette technique en éliminant au plus tôt les branches dont on est sûr qu'elles seront un mauvais choix. Quand plusieurs choix sont possibles, le parcours de l'arbre se fait soit en parallèle, soit en effectuant un choix arbitraire, éventuellement suivi d'un « retour en arrière » s'il se révèle mauvais.

Lorsque l'énumération de toutes les situations est impossible, on utilise des « heuristiques », qui, si elles ne garantissent pas d'atteindre l'optimum, permettent *généralement* un bon choix.

2.2. Systèmes experts

Un système expert (appelé aussi système à base de connaissances) est un logiciel qui vise à reproduire de façon explicite les raisonnements d'un expert, dans un domaine particulier. La connaissance est décrite sous la forme générale de règles concernant des aspects élémentaires : *SI Condition(s) ALORS Action(s)*

Les systèmes qui utilisent des connaissances sous cette forme sont constitués de trois parties :

a) l'ensemble des règles (l'expertise),

b) le contexte (une représentation du monde sur lequel les règles s'appliquent) et

c) l'interprète (qui cherche les règles applicables, résout les éventuels conflits quand plusieurs règles peuvent s'appliquer et exécute les actions indiquées en modifiant le contexte en conséquence).

Ce mécanisme présente des inconvénients suivants : l'acquisition de l'expertise est délicate, les experts eux-mêmes se fondent souvent sur leur intuition et ne peuvent pas toujours expliciter les règles qu'ils utilisent. En outre, la complétude de l'expertise n'est pas assurée et lorsqu'un comportement non prévu survient, la réaction du système peut être aléatoire. Ensuite, en cas de modification même légère du système, il doit généralement être entièrement recalculé, car on ne peut que difficilement prévoir les interactions entre les diverses règles.

2.3. Logiques non classiques

Les raisonnements humains ne suivent pas toujours des règles logiques ; aussi, pour en rendre compte la logique classique a été étendue selon deux directions : en cherchant à *augmenter* la logique classique, on a construit des langages plus riches permettant d'exprimer plus de choses que dans la logique classique ; mais tout théorème de celle-ci reste un théorème de ces systèmes non standard. La seconde tentative fut de construire des systèmes logiques plus ou moins *opposés* à la logique classique ; ils n'en diffèrent pas fondamentalement par le langage utilisé, mais certains théorèmes de la logique classique ne sont plus vrais dans ces systèmes. L'exemple le plus fameux étant celui du tiers exclu correspondant à la logique intuitionniste, qui peut supposer qu'un fait qui n'existe pas n'implique pas que sa négation existe.

Parmi ces diverses extensions, on distingue les logiques floues, les logiques modales et les logiques non monotones.

Les premières considèrent comme valeurs de vérité non plus 0 ou 1 (soit vrai et faux), mais des valeurs « plus ou moins vraies » de l'intervalle réel [0,1]. Les résultats théoriques actuels (absence de cohérence et de complétude, manque de règles d'inférence précises, difficulté à interpréter les valeurs numériques manipulées) font qu'il est parfois difficile de continuer à parler formellement de *logique*...

Les secondes ont été introduites dès 1912 par Lewis pour rendre compte de la notion d'implication d'une façon plus conforme à notre intuition, en introduisant des notions comme la *possibilité*, la *nécessité*, l'*impossibilité* ou la *contingence*.

Elles permettent également de distinguer ce qui est forcément vrai de ce qui ne peut pas être faux (nécessité : *un quadrilatère a quatre côtés*) de ce qui aurait pu ne pas être (contingence : *Strasbourg est en France*) ; de plus, la notion de vérité devient relative à l'instant considéré ou à un individu particulier.

Enfin, les logiques non monotones tiennent compte du fait que les exceptions sont exceptionnelles et formalisent les raisonnements où l'on adopte des hypothèses qui pourront être abandonnées plus tard. On autorise ainsi la prise de décision malgré une information incomplète ; des connaissances ultérieures plus précises peuvent ensuite remettre en question les déductions précédentes.

2.4. Programmation par contraintes

Dans certains problèmes, on connaît les valeurs possibles que peuvent prendre certaines des variables, et les valeurs impossibles, les *contraintes*. Résoudre le problème consiste alors à affecter à chaque variable une valeur satisfaisant ces contraintes. L'évolution du langage informatique Prolog a, en particulier, été fondée sur cet aspect.

Cette technique, d'origine française, permet des raisonnements locaux et une propagation des contraintes. Elle est largement utilisée dans de nombreux domaines, mais ses limites sont patentes dans les problèmes dynamiques (où les contraintes varient dans le temps) ou dans les problèmes « surcontraints » (il n'existe pas de solution qui vérifie toutes les contraintes ; savoir alors quelles contraintes il est le plus avantageux de relaxer reste un problème ouvert…).

2.5. Algorithmes génétiques

Les algorithmes génétiques visent à appliquer les mécanismes fondamentaux de l'évolution et de la sélection naturelle à des problèmes d'optimisation. On code les caractéristiques des objets manipulés et on définit une fonction permettant d'évaluer la valeur attribuée à chaque objet. On fait évoluer une population initiale en créant de nouveaux objets à partir des anciens et en permettant diverses mutations. La sélection permet d'éliminer les objets les moins efficaces.

Ce type de processus donne de bons résultats dans divers domaines, la difficulté résidant dans le choix du codage (c'est-à-dire les paramètres pertinents des objets considérés) et les types de mutations autorisées.

2.6. Raisonnement par analogie à partir de cas

Le raisonnement à base de cas se fonde sur des analogies entre des expériences passées et un problème actuel. On mémorise un certain nombre de situations spécifiques dans un domaine donné (les « cas ») et, face à un nouveau problème, on essaie de trouver le ou les cas les plus proches puis on transpose les solutions déjà rencontrées au nouveau problème.

Un moteur de raisonnement à base de cas comporte deux composantes importantes : l'indexation, qui sert à trouver les cas à prendre en considération pour le problème actuel, et l'adaptation, pour modifier un ou plusieurs cas et les rendre applicables à ce problème.

2.7. Les systèmes multi-agents et l'intelligence artificielle distribuée

Le développement de systèmes de plus en plus complexes implique l'utilisation de connaissances spécialisées différentes, hétérogènes, plus ou moins indépendantes. Comme différents experts n'aboutissent pas toujours au même résultat, il faut pouvoir confronter leurs décisions, et prendre une décision globale. Enfin, l'utilisation de machines multiprocesseurs permet, sur le plan de l'efficacité, de profiter au mieux d'une telle décomposition.

Ces points ont conduit à la remise en cause des architectures classiques et au développement des architectures multi-agents qui tentent de répondre à ce problème de modularité.

On considère un agent comme un logiciel percevant son environnement et agissant dessus de façon autonome ; un système multi-agents est constitué d'un ensemble de tels agents, partageant des ressources communes et communiquant.

Le point central de tels systèmes concerne la coordination entre les agents. Différents modes de communication entre ces agents sont possibles : le modèle du « *tableau noir* » qui permet à diverses bases de connaissances de collaborer, sans communiquer directement entre elles, mais en écrivant leurs conclusions dans une zone de mémoire (le tableau noir). Ce modèle permet l'activation autonome et asynchrone des sources de connaissances. Une autre méthode est la communication par messages. Le système a alors la capacité d'adapter dynamiquement son comportement à la situation à traiter. Toutefois, on peut rencontrer des problèmes en essayant de maintenir une cohérence globale pendant le raisonnement, précisément parce que le contrôle est implicite et réparti.

3. Les applications

Pendant des années, jusqu'en 2000 environ, les domaines favoris des chercheurs en intelligence artificielle portaient sur :

- Le traitement des signes et du signal (compréhension des langues naturelles écrites ou orales, des images et des vidéos)
- Les raisonnements automatiques (comme la démonstration automatique de théorèmes)
- L'ordinateur joueur de jeux en tant que domaines d'application des théories proposées (comme les échecs ou le go)
- La recherche opérationnelle

Tous ces domaines impliquant des questions de représentation des connaissances et des mécanismes d'apprentissage, que nous développons plus loin dans cet ouvrage, de même que les aspects liés au traitement automatique des langues.

3.1. La démonstration automatique de théorèmes

C'est une des premières applications qui ont été étudiées par les chercheurs dans les années 1950. Il s'agissait en fait de formaliser l'ensemble des hypothèses, définitions de base et théorèmes de base d'un « univers mathématique », comme la géométrie des triangles, l'algèbre élémentaire, l'arithmétique élémentaire, et de construire ce qu'on appelle aujourd'hui un moteur de recherche, qui est capable de mettre en relation logique les éléments de cet univers pour démontrer la validité d'une proposition.

Si l'univers était petit, ne comprenant que peu d'éléments, une approche simplement aléatoire d'essais et tests successifs pouvait suffire à construire cette démonstration. Si l'univers était plus important et notre ordinateur de capacité moyenne, il fallait songer à rendre le moteur de recherche plus intelligent en lui donnant des méthodes de choix orientés, fondées sur les méthodes objectives ou subjectives des mathématiciens, pour autant que ces méthodes soient suffisamment claires et définies pour avoir la possibilité de les programmer.

Dès les années 1960, un tel programme a été écrit dans un laboratoire américain et a fonctionné tout à fait correctement dans le mini univers de la géométrie des triangles. Ce qui nous a passionné à l'époque a été que ce programme a trouvé une démonstration beaucoup plus élégante que celles que les mathématiciens humains avaient trouvées au préalable.

Il s'agissait de démontrer le théorème suivant :

« Tout triangle isocèle a des angles à la base égaux »

Que le lecteur calme sa peur soudaine. Le théorème est simple et ce que nous allons expliquer devrait l'être aussi.

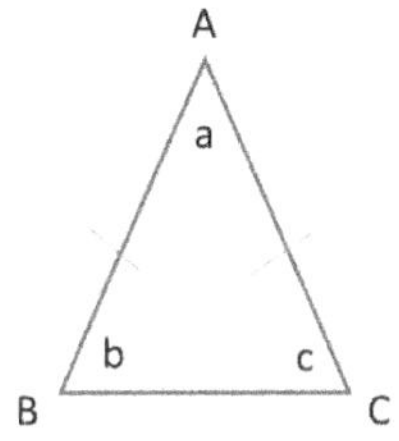

Fig.7 : Théorème à démontrer :
si les côtés AB et AC sont égaux, les angles b et c le sont aussi.

Les étudiants mathématiciens habituels dessinaient alors un segment reliant le sommet A au milieu du côté inférieur, la « médiane » (qui est aussi, pour un triangle isocèle, la hauteur, la bissectrice et la médiatrice). Ils créaient alors deux plus petits triangles dont ils démontraient qu'ils étaient égaux, entraînant l'égalité des angles b et c.

De son côté, l'ordinateur a fait différemment et plus élégamment. Il ne crée aucun segment ni triangle, il ne fait que retourner le triangle ABC, obtenir le triangle ACB et les comparer : ils sont égaux, car AB=AC, BC=CB, et AC=AB. Donc les deux angles b et c sont égaux.

C'est la démonstration proposée actuellement dans les écoles.

Dans les cas de ce type, on a le droit de dire : « Un ordinateur peut inventer ». Il suffit en effet de lui apprendre à inventer. C'est d'ailleurs ce que fait l'intelligence artificielle actuelle.

3.2. L'ordinateur joueur de jeux comme les échecs

Les jeux comme les échecs, le bridge, les dames, le backgammon, le go ont servi depuis les années 1950 aux réflexions des chercheurs en intelligence artificielle. Ils ont développé un certain nombre de méthodes qui se sont perfectionnées d'année en année pour arriver aujourd'hui à des performances tout à fait remarquables.

Les méthodes classiques font appel à ce qu'on appelle « parcours d'arbre des possibilités de jeu » et « fonctions d'évaluation ».

Elles sont très proches de la méthode utilisée par un jeune joueur sans beaucoup d'expérience du jeu. Il démarre ce qui est appelé le parcours de l'arbre de ses possibilités, ou son « parcours d'arbre » : il regarde l'ensemble de ses possibilités de jeu, pour chacune il analyse les possibilités de son adversaire, puis les siennes, jusqu'à ce qu'il voie qu'il se retrouve à analyser trop de possibilités pour ses capacités.

Alors il s'arrête dans son parcours d'arbre et mesure la qualité pour lui de chacune des situations auxquelles il s'est arrêté. Cette fonction d'évaluation approximative et intuitive pour un humain résulte de son feeling, de son expérience et de ce que son professeur lui a appris. Pour un ordinateur qui fonctionne de la même manière, c'est une fonction que le programmeur a programmée en fonction d'avis de joueurs chevronnés qui auront analysé leurs intuitions : par exemple, dans le jeu d'échecs, le nombre relatif de pions perdus, le nombre relatif de pièces perdues avec des coefficients d'importance adaptés à la nature de la pièce, les degrés de liberté des pièces, etc.

Que ce soit l'humain ou l'ordinateur, la mesure de la qualité de son meilleur coup immédiat, à partir de l'ensemble des possibilités qu'il a analysées, est alors, en faisant son parcours d'arbre, de prendre le maximum de l'évaluation de la situation qu'il aura juste après, qui est le maximum des évaluations pour son adversaire des coups alors possibles de ce dernier, qui correspondent de nouveau au maximum d'évaluation des coups opposés alors possibles, etc. jusqu'en bout de l'arborescence analysée où on utilise la fonction d'évaluation approximative précédente. Cette méthode particulière de parcours d'arbre s'appelle la méthode *minimax*.

Ce processus implique l'analyse d'un nombre considérable de positions. Si nous prenons un jeu qui offre à chaque décision une dizaine de possibilités en moyenne, l'analyse de toutes les possibilités sur n niveaux entraîne de l'ordre de 10^n mesures par sa fonction d'évaluation, c'est-à-dire un nombre représenté par un 1 suivi de n zéros. Si cette fonction d'évaluation prend un certain nombre de fractions de seconde à l'ordinateur, il faudra multiplier ce temps par le nombre en question pour qu'il puisse prendre une décision de jeu. Ce qui conduit dans la programmation à un compromis entre le temps d'analyse de la fonction d'évaluation et le niveau d'analyse, tous deux liés à la qualité du choix.

Des méthodes plus élaborées que cette méthode de base permettent, à temps de décision égal, d'aller beaucoup plus loin dans le parcours de l'arbre et de se rapprocher des méthodes des champions du jeu. D'abord on élague dans l'arbre d'analyse les « branches » dont on peut calculer qu'en aucun cas leur valeur ne peut être supérieure à la valeur d'une branche voisine. Cette méthode classique est appelée élagage *alpha-béta*.

Enfin, on peut imaginer des fonctions d'évaluation, qu'on peut appeler approximatives ou intuitives, qui, selon les situations en cours d'analyse, indiquerait les cas où l'ordinateur pourra avantageusement faire une analyse d'un niveau beaucoup plus profond.

De leur côté, les champions d'échec élaguent considérablement dans leurs parcours d'arbre les branches d'analyse considérées comme non intéressantes, et peuvent alors analyser jusqu'à des niveaux de profondeur d'analyse de dix à vingt coups. Leur intuition est alors extrêmement efficace.

Dans les dernières décennies, les capacités des ordinateurs s'améliorent significativement d'année en année, pour chacun des grands jeux :

- Othello: *Logistello* a battu le champion du monde Takeshi Murakami en 1997.
- Les Dames : le programme *Chinook* canadien (équipe de Jonathan Schaeffer de l'Université d'Alberta) a remporté le Championnat du monde de dames en 1994, et depuis 2001 il est devenu imbattable.
- Les Échecs :
  - Les premiers programmes capables de jouer une partie d'échecs datent de 1958. En 1967, l'ordinateur *Max Hack 6* programmé par Richard Greenblatt gagne contre une personne en tournoi.
  - En 1997, *Deep Blue* d'IBM gagne contre le champion du monde Garry Kasparov, par deux victoires et trois nulles contre une victoire.

Depuis cette époque, les programmes en question se sont tous significativement améliorés, grâce aux méthodes d'apprentissage particulièrement efficaces qui seront décrites dans la suite. On arrive maintenant à considérer comme références de la qualité des jeux et des joueurs, non plus celles des champions du monde humains, mais celles des meilleures machines !

3.3. La recherche opérationnelle

La recherche opérationnelle montre un autre exemple de problèmes complexes qui se posent aux scientifiques et ingénieurs depuis de nombreuses années, dans des applications extrêmement concrètes et utiles, par exemple dans des domaines financiers, industriels, liés à la sécurité, à l'informatique, à l'énergie, applications qui utilisent ou peuvent utiliser l'intelligence artificielle. De même l'optimisation de la tactique militaire, tenant compte des moyens, des positionnements ennemis, des buts à atteindre…

Ces applications, comme pour certaines applications de reconnaissance des formes ont commencé bien avant l'utilisation des ordinateurs, ceux-ci servant de support aux théories d'optimisation étudiées depuis longtemps. Non seulement ces méthodes sont maintenant programmables, mais elles permettent ainsi des performances bien supérieures.

De même, on a inventé la théorie des jeux bien avant qu'on ait demandé à un ordinateur de jouer aux échecs, et maintenant il gagne par rapport aux humains.

Les méthodes de recherche opérationnelle permettent de résoudre des problèmes de combinatoire complexes, comme typiquement :

- quels sont les meilleurs emplois du temps des élèves d'un lycée, tenant compte des cohérences obligatoires des emplois du temps des professeurs, des utilisations des salles, des nombres de cours de chaque matière pour des catégories d'élèves…
- entre deux villes, quel est le trajet en voiture le plus rapide tenant compte du réseau de routes et des limites de vitesse différentes.
- quel est le meilleur trajet pour un livreur lorsqu'il a une vingtaine d'adresses différentes à livrer dans une ville.
- quelle est l'implantation optimale des radars de navigation aérienne.
- quelle est l'implantation optimale des postes réémetteurs GSM dans une ville, étant donné les surfaces aveugles pour chaque position en fonction de la hauteur des immeubles.

Ces quelques exemples montrent les caractéristiques principales de ces problèmes :

- Ce sont de manière générale des problèmes concrets où il n'est pas possible d'obtenir rigoureusement le vrai optimum, dans des temps de calcul acceptables. En même temps, les applications concrètes se contentent souvent d'une solution qui s'approche simplement de l'optimum, si pour le chercher il faudrait cent ou mille fois plus de temps à l'ordinateur.
- On peut avoir aussi, s'ajoutant au fait précédent, qu'en fonction des décisions prises, une autre entité peut agir de son côté avec ses propres critères, mais tenant compte de ces décisions. Par exemple pour telle ou telle implantation des radars de navigation aérienne, les pilotes et les contrôleurs aériens adaptent leur stratégie en fonction de la réalité, et modifient leur consommation de carburant.
- Enfin, il peut y avoir un degré d'aléa qui s'ajoute au problème de base, comme les embouteillages probables dans la construction du meilleur trajet en voiture entre deux villes.

De nombreuses méthodes aident à résoudre ces problèmes, comme l'utilisation des graphes avec des méthodes arborescentes « *branch and bound* » (parcours d'arborescence tenant compte des contraintes), ou bien avec des méthodes probabilistes « stochastiques » (avec calcul de probabilités lors du parcours de l'arborescence) ou « heuristiques » (avec choix approximatifs).

En faisant de bons réglages dans l'utilisation de ces méthodes, on trouve le compromis le plus acceptable pour l'utilisateur entre l'efficacité et la qualité du résultat, et la rapidité de la solution.

Nos lecteurs qui utilisent le « GPS »[4] dans leur voiture ont bien constaté que certaines fois le trajet conseillé n'est pas le meilleur, et peut même changer en fonction du jour pour le même trajet. Contrairement à ce que la majorité d'entre nous croient, il ne s'agit pas d'un bug informatique. On est alors dans le cas suboptimal choisi par la machine qui n'a pas pu avoir le temps de trouver l'optimum. Quand cela arrive, comme le trajet a, à peu de choses près, la même durée, on peut facilement préférer les nouvelles consignes plutôt que de perdre du temps à reprogrammer la machine pour voir un nouveau trajet.

La plupart des méthodes de recherche opérationnelle sont proches des méthodes d'intelligence artificielle.

Les liens entre les deux domaines sont de deux sortes :

- les méthodes de l'intelligence artificielle peuvent être utilisées en recherche opérationnelle, comme le parcours de graphe ou d'arbres et leurs fonctions d'évaluation ;
- inversement, certaines méthodes de recherche opérationnelle peuvent être utilisées pour améliorer les algorithmes de l'intelligence artificielle. En particulier l'optimisation des recherches en mémoire lorsqu'on gère de très nombreuses données.

Surtout les deux domaines aboutissaient tous les deux à des taux d'erreurs sui generis non nuls. Enfin un certain nombre de chercheurs, comme Jean-Louis Laurière, à Paris, dans les années 70 et 80, ont travaillé dans les deux en parallèle, en utilisant les méthodes de l'une pour faire avancer l'autre avec succès.

Tout cela a naturellement conduit aujourd'hui la communauté des chercheurs à considérer que l'intelligence artificielle et la recherche opérationnelle constituaient un seul domaine.

---

4. Le sigle « GPS » (Global Positioning System) désigne au départ le système américain de satellites permettant à des utilisateurs au sol de se localiser. Maintenant il est de plus en plus employé par les conducteurs comme étant le dispositif embarqué dans leurs voitures qui utilise ces satellites.

CHAPITRE 3

L'apprentissage automatique

Les exemples précédents, qui ont été choisis, parce que typiques, montrent une ingénierie des systèmes d'intelligence artificielle essentiellement fondée sur l'expérience de spécialistes, des essais sur de nombreuses mesures, la réflexion et le bon sens. Mais rarement sur un apprentissage qu'on ferait mener par l'ordinateur pour lui permettre de construire lui-même certains algorithmes, à l'exception de certaines adaptations de paramètres à des fins d'optimisation sur certaines données précises.

Cependant les recherches dans ce domaine de l'apprentissage automatique avaient démarré en même temps que les recherches en intelligence artificielle, et malheureusement pendant longtemps sans grand succès, jusqu'à il y a quelques années où l'apprentissage automatique appelé profond a fait enfin de grands progrès. Il montre manifestement un pas significatif pour arriver (à long terme) à des capacités comparables à l'humain, et s'avère déjà particulièrement efficace dans de nombreux cas concrets.

Ces recherches avaient démarré différemment en suivant, pour les unes la philosophie « reconnaissance des formes » avec des poids importants pour les essais et les probabilités, pour les autres la philosophie « symbolique » avec des poids importants pour la logique.

Ces deux philosophies sont à mettre en correspondance avec les Pensées de Pascal sur l'esprit de finesse pour la première que nous appelons intuition, et l'esprit de géométrie pour la seconde que nous appelons intelligence symbolique. Mais si Pascal les oppose, cet ouvrage considère leur symbiose comme obligatoire dans toute intelligence, en particulier dans l'intelligence artificielle.

Nous les présentons ci-après, en deux paragraphes montrant les différences considérables des programmations de l'intuition et de l'intelligence symbolique, que ce soit relativement à leur mode de développement sans encore de points communs, ou à leurs succès en cours, remarquables pour l'intuition, balbutiant pour la symbolique. Avant de montrer leur complémentarité et leur symbiose au chapitre suivant.

1. L'apprentissage automatique de l'intuition

La logique historique du développement de l'apprentissage de la reconnaissance des formes et des concepts, c'est-à-dire l'intuition a démarré par le perceptron qui a voulu, sans bien sûr y arriver à « simuler » un neurone. L'idée s'est ensuite perfectionnée par l'utilisation d'opérateurs qui n'étaient plus linéaires, enfin par l'idée d'associer des milliers de tels opérateurs dans plusieurs directions, ce qui a donné l'apprentissage profond qui a le succès que l'on connaît.

1.1. *Le perceptron*

Pendant la période 1960-1980, les ordinateurs commençaient à être utilisés, mais avec des performances encore extrêmement faibles, entre un et mille milliards de fois moins puissants que les ordinateurs d'aujourd'hui, sans parler des centres actuels de « *big data* » qui le sont encore bien plus. Les « gros » ordinateurs des années 60, comme l'Univac 1108, qui occupait une grande pièce réfrigérée, ne disposaient que de 64 ou 128 koctets, alors que nos portables de poche disposent souvent de 128 Goctets, soit un million de fois plus. Les calculs et algorithmes programmables ne pouvaient alors être que très simples.

Malgré cette faiblesse informatique de cette époque, les idées fusaient, entraînées par l'illusion qu'on atteindrait quasiment l'intelligence humaine dix ans après !

Les sujets de réflexion portaient principalement sur les opérateurs de classification pour la reconnaissance des formes :

Dès le départ la plupart des idées principales étaient déjà là :

- L'arbre de représentation des formes, fondé sur des relations qualitatives et quantitatives entre des formes plus élémentaires, lesquelles se décomposaient de même jusqu'au niveau des données des capteurs ;
- Le fait qu'il fallait effectuer des opérations de prétraitement des données d'entrée des machines en utilisant la théorie du signal déjà développée depuis des décennies, pour détecter les formes élémentaires du niveau le plus bas ;
- Et que les relations entre formes élémentaires pouvaient être très complexes, faisant appel à de la logique formelle ou floue, des probabilités, des relations géométriques, etc…

Mais aucune des méthodes de décisions de reconnaissance à chaque niveau, qui ont donné lieu à de nombreuses idées, n'était vraiment parfaite, aucune ne couvrant efficacement tous les cas.

Certaines pouvaient être faites par des décisions « bayésiennes[5] », c'est-à-dire en mesurant les plus probables après des calculs simples de probabilités évaluées en fonction des statistiques et des corrélations observées.

Elles pouvaient aussi utiliser des méthodes linéaires[6] adaptatives, c'est-à-dire des fonctions de décision linéaires dont les coefficients sont adaptés

---

5. Du nom de Thomas Bayes (1702-1761), mathématicien britannique.
6. Un opérateur linéaire n'utilise que des opérations « plus: + », « moins: - » et « multiplié: . » qui, lorsqu'on lui entre des valeurs x, y et z, calcule et donne comme résultat une valeur égale à (a.x+b.y+c.z), avec des paramètres a, b et c qui sont soit bien déterminés *a priori*, soit adaptés pendant une phase d'apprentissage pour avoir la meilleure performance globale.

pour rendre la décision statistiquement la plus efficace sur un ensemble le plus important possible de mesures expérimentales.

L'exemple le plus emblématique d'une telle approche a été le « perceptron », nommé ainsi et proposé par Rosenblatt en 1957, qui, simulant ce qui pouvait à l'époque représenter un « neurone artificiel » (évoqué déjà p. 13), reconnaissait une forme par une fonction d'addition des sorties logiques d'opérateurs détectant les formes élémentaires[7] composant la forme avec des coefficients multiplicateurs s'adaptant peu à peu en fonction d'un ensemble de données dites d'apprentissages comprenant un nombre d'occurrences important des représentations de la forme à reconnaître et des autres possibles, chacune indiquant de quelle forme il s'agissait.

Entrée des données =

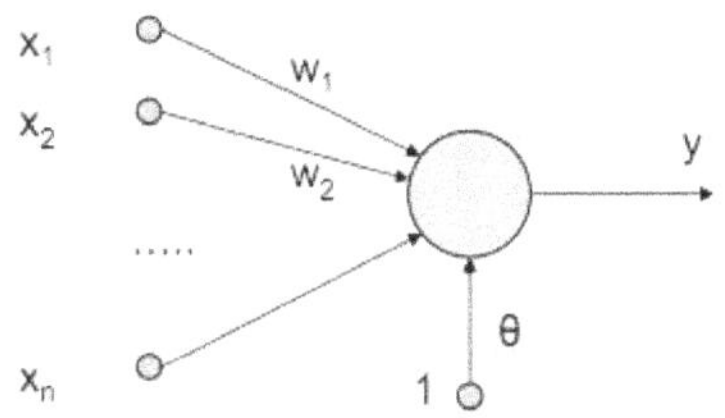

= Décision

$$y = \begin{cases} 1, \text{ si } w_1x_1+\ldots+w_nx_n+\theta > 0 \\ -1, \text{ si } w_1x_1+\ldots+w_nx_n+\theta \leq 0 \end{cases}$$

Fig. 8 : Le perceptron ; les coe+fficients w_1 à w_n sont calculés par adaptations successives à la forme à reconnaître par rapport aux autres.

Vers 1969, les professeurs Marvin Minsky et Seymour Papert du Massachussets Institute of Technology ont démontré que ce perceptron ne pouvait pas fonctionner de manière générale, en soulignant le fait que la réalité est loin d'être toujours linéaire. Le concept a été abandonné provisoirement en 1980. Il a été repris d'une autre manière ultérieurement en mettant en œuvre de multiples perceptrons sur plusieurs couches (plus de détails sont donnés p. 51 et suivantes). C'est ce qu'on appelait le connexionnisme. Mais la linéarité[8] basique du perceptron limitait toujours considérablement son efficacité.

---

7. Un tel détecteur donne par exemple le résultat « 1 » si la forme élémentaire existe, et « 0 » si elle n'existe pas.

8 . Le mot « linéarité » signifie que ce dont il s'agit est représentable par une équation linéaire, c'est-à-dire du premier degré : $ax_1+bx_2+bx_3$, sans autre opération élémentaire que des additions et soustractions, avec des coefficients attachés à chaque variable.

1.2. *Les opérateurs de classification plus nombreux et non linéaires*

D'autres méthodes de décision plus élaborées ont été ensuite étudiées autour de l'année 1970 et développées en cherchant à utiliser des opérateurs cette fois-ci non linéaires, avec aussi plusieurs couches et en s'appuyant sur l'esprit de l'évolution et de la sélection darwiniste.

À l'époque les ordinateurs n'étaient guère puissants, et le nombre de couches et d'opérateurs possibles était bien trop limité.

Néanmoins, pour tester au minimum ces idées, on créait en ordinateur des structures d'opérateurs non nécessairement linéaires, mais pour lesquels on pouvait définir des évolutions de fonctionnement qu'on pouvait programmer *a priori*. On donnait à l'ordinateur des critères d'efficacité et il sélectionnait au bout d'un certain temps le meilleur système au sens de ce critère.

Nous-mêmes, les deux auteurs du présent ouvrage, avons mis en œuvre cette idée en 1970. Nous avions simplement remplacé l'information de Shannon[9] par ce que nous appelions l'information utile pour reconnaître des formes données, fondée non sur les probabilités des valeurs mesurées, mais sur les probabilités conditionnelles de ces valeurs fonctions des formes à reconnaître.

L'hypothèse prise était que les fonctions de détection et reconnaissance de formes à envisager étaient construites d'un assemblage de ce que nous appelions des opérateurs avec des variables d'entrée et des variables de sortie, construits les uns à la suite des autres à la manière de la figure 9, ci-après, reprenant en partie la structure générale hiérarchique des formes.

Il s'agissait de programmer l'ordinateur pour qu'il construise, dans un nouveau problème de reconnaissance, la structure d'opérateurs (c'est-à-dire pour lui un programme) maximisant l'information utile donnée par une seule variable de sortie, totalement corrélée avec les noms des formes

---

9. L'information définie par Shannon mesure la différence d'entropie entre deux situations :
L'entropie d'une situation correspondant à un ensemble E_N de N événements exclusifs possibles $e_1, e_2, \ldots e_N$ ayant chacun les probabilités a priori $p_1, p_2, \ldots p_N$, est mesurée par :

$$H[E_N] = -\sum_{i=1}^{N} p_i \log(p_i)$$

Si nous faisons une mesure et que cette mesure est capable de déterminer parmi les différents événements possibles que c'est le k^e événement e_k qui existe, et non les autres, le calcul montre que l'entropie de la nouvelle situation définie par la formule précédente est égale à 0.
L'entropie d'une situation mesure donc le flou de notre connaissance.
Par définition, l'information apportée par une mesure est égale à la diminution d'entropie entre la situation avant la mesure et la situation après. C'est la diminution du flou de notre connaissance. Lorsque l'entropie est nulle et donc que notre connaissance est parfaite, l'information utile apportée par la mesure est maximale.

à reconnaître, en simplifiant au mieux la structure et en minimisant autant que possible le nombre d'opérateurs.

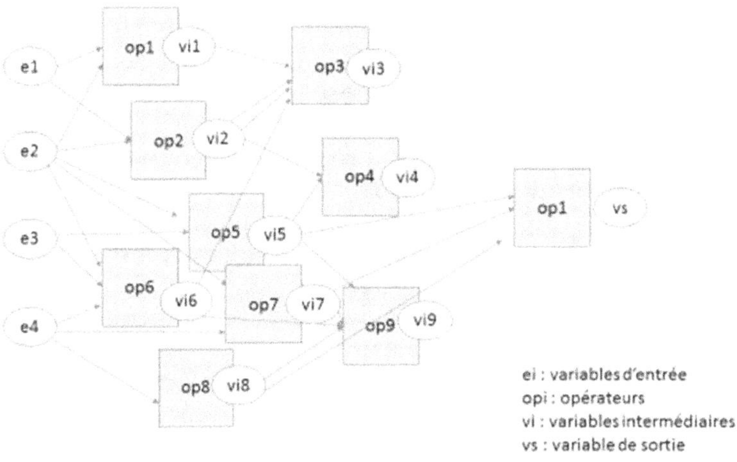

Fig. 9 : Structure d'opérateurs de reconnaissance

On utilisait pour ce faire des opérateurs quelconques non linéaires qu'on adaptait grâce à la notion d'information utile que nous avions introduite. Les résultats étaient intéressants, mais difficilement généralisables. Beaucoup de progrès restaient à faire. Il y en a eu beaucoup depuis lors qui ont abouti à l'apprentissage profond décrit plus loin et qui ont fait faire un bond significatif à l'intelligence artificielle.

Dans les années 1970, un livre particulièrement important a été publié : *Le hasard et la nécessité* de Jacques Monod, biologiste et biochimiste, prix Nobel de médecine en 1965. Il reprenait la thèse de Démocrite, pourtant peu ami de Platon et selon qui « Tout ce qui existe dans l'univers est le fruit du hasard et de la nécessité ». Il développait surtout et enrichissait largement les idées de Darwin. Il montrait que l'évolution pouvait provenir, au niveau des molécules organiques et des organismes vivants élémentaires, de créations permanentes ou de modifications aléatoires de structures chimiques et d'ADN, suivies longtemps après d'une sélection due à la nécessité de survivre.

À la sortie du livre, nous avions eu l'idée d'appliquer ces idées à la problématique des formes. Pourquoi ne pas faire utiliser par l'ordinateur une méthode de recherche aléatoire des fonctions, et en faire des sélections successives grâce à l'information qu'ils apportaient ?

La méthode de recherche qu'on a demandée à l'ordinateur d'utiliser pour cette construction était la méthode de « choix au hasard » et « sélection par l'information utile apportée », c'est-à-dire en se rapprochant du langage de Jacques Monod de « hasard et sélection par nécessité ».

On peut dire que le résultat a complètement satisfait nos attentes : l'ordinateur a rapidement trouvé la meilleure fonction de discrimination résolvant le problème qui lui avait été posé.

Il s'agissait dans notre exemple de trouver le critère définissant et discriminant les formes « points proches » et « points éloignés » positionnés aléatoirement sur un carré.

Quelques dizaines de formes avaient été présentées à l'ordinateur (figure 10) avec l'indication pour chacune d'elle des coordonnées (x_1, y_1) et (x_2, y_2) de chacun des deux points, et qu'il s'agissait de points proches ou de points éloignés. L'ordinateur qui disposait des opérations +, -, et x, était programmé pour engendrer aléatoirement les associations les plus informatives de ces opérations, au sens de l'information utile pour résoudre le problème, puis à éliminer les moins utiles et à itérer successivement ces étapes[10], avec à chaque fois des opérations qui prenait comme entrées les résultats des itérations précédentes et des entrées initiales .

La fonction qu'il a découverte par un chemin direct était $(x_1-x_2)^2 + (y_1-y_2)^2$, c'est-à-dire la fonction classique de géométrie qui permet de mesurer la distance entre deux points en fonction de leurs coordonnées.

Un élève de collège apprend cette fonction comme conséquence du « théorème de Pythagore » qui dit que « dans un triangle rectangle, le carré de l'hypoténuse (ici le segment entre les deux points) est égal à la somme des carrés des deux autres côtés (ici les images sur chaque axe de ce segment) ».

On ne peut que constater que notre élève de collège aurait eu une approche raisonnée, alors que notre ordinateur grâce à une approche intuitive est arrivé au même résultat, sans réfléchir ni faire de raisonnement : ici, l'élève raisonne et l'ordinateur fait marcher son intuition !

Maintenant, on peut être séduit par cet exemple. Mais il cache quelque chose d'une importance tout à fait considérable pour l'apprentissage général des ordinateurs :

L'opérateur que l'ordinateur a construit transforme les coordonnées des points en la variable de sortie représentant la distance entre ces points. Il permet donc de faire la discrimination demandée entre les deux formes. Mais, d'où sortent ces « coordonnées » ?

10. On peut souligner que ce type de mécanisme s'est développé plus tard sous le nom d'algorithme génétique. (Nous avions donc un peu d'avance sur la mode !) GS.

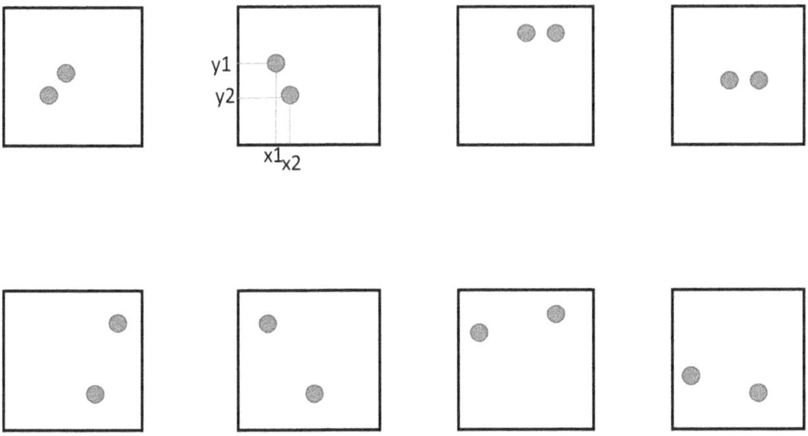

Fig. 10 : Les deux formes « points rapprochés » (en haut) et « points éloignés » (en bas)

Concrètement et avant d'effectuer toutes les opérations précédentes, l'ordinateur reçoit de sa caméra des informations ressemblant plutôt à ceci (les « 1 » figurant les points) :

0000000000		00000000000
0000000000		00001000000
0000000000	ou :	00000000000
0010000000		00000000000
0000001000		00100000000
0000000000		00000000000

Ensuite, il y a quatre autres opérateurs dont nous n'avons pas parlé, et c'est presque une escroquerie intellectuelle, ce sont les opérateurs :

- « Aller chercher un point de la matrice qui vaut 1 et sortir ses coordonnées » : cet opérateur détecte la forme *point,* après avoir décidé que c'est une forme puisqu'elle est statistiquement rare.
- Refaire la recherche pour toute la matrice et détecter les différentes formes *points*
- Compter les *points* et observer qu'ici il n'y a que deux *points* sur chaque image : détecter la forme significative *double point*, qui est une forme puisque le fait qu'il n'y en a que deux est rare
- Sortir les 4 coordonnées correspondantes

De plus ces opérateurs ne ressemblent que très peu aux opérateurs habituels de classification type perceptron. Ces derniers ont en effet des entrées et une ou plusieurs sorties, alors que dans le cas présent il s'agit d'aller chercher quelque part une forme et sortir ses paramètres. Comme notre martien du début qui va chercher un bord de voile, en voit plusieurs et, avec les paramètres des trois bords voisins, détecte un triangle.

On verra dans la suite que seuls les opérateurs de classification du type entrée-sortie simple ont donné lieu à apprentissage automatique, en particulier l'*apprentissage profond.*

Les recherches d'apprentissage automatique des autres opérateurs du type *aller chercher une forme et prendre ses paramètres* n'ont malheureusement pas encore donné de résultats significatifs, et ils sont au moins aussi fondamentaux.

1.3. L'apprentissage profond des opérateurs de classification

À l'origine, un réseau de neurones artificiels — évoqué p. 13 puis p. 64 — s'inspire (de façon assez rudimentaire[11]) du fonctionnement des neurones biologiques[12]. Par exemple, un neurone reçoit des valeurs issues d'autres neurones, en fait la somme puis compare le résultat à une valeur seuil, et répond en émettant un signal si cette somme est supérieure à ce seuil. On montre qu'un ensemble de tels neurones formels peut théoriquement réaliser des fonctions logiques, arithmétiques et symboliques complexes ; en particulier, ils peuvent effectuer rapidement des classifications et apprendre à les améliorer.

Les idées qui avaient été émises et testées jusqu'à 1970 étaient apparemment bonnes. Il fallait simplement multiplier considérablement le nombre de neurones et de leurs couches, en utilisant de manière significativement plus importante des fonctions ou opérations non linéaires.

C'est dans les années 1980 qu'on a commencé à pouvoir s'adapter aux ressources techniques des nouveaux ordinateurs, et tester alors ces idées de manière beaucoup plus efficace.

---

11. Par rapport à la biologie, ce modèle ne tient pas compte du fait qu'il existe beaucoup de types de neurones différents, comme de neurotransmetteurs ; il ignore également le rôle des cellules gliales ainsi que nombre de mécanismes mis en évidence par les neurobiologistes.

12. Warren McCulloch et Walter Pitts publièrent en 1943 un modèle simplifié de neurone biologique communément appelé neurone formel : *A Logical Calculus of the Ideas Immanent in Nervous Activity*

En 2012 sont sorties en effet les puces électroniques GPU (Graphical Processing Unit) présentant des performances de 1000 milliards d'opérations par seconde[13].

Dans les années 80, après aussi les déceptions de l'intelligence artificielle logique (systèmes experts), la recherche sur les réseaux fut relancée et l'industrie reprit quelque intérêt pour les réseaux de neurones, grâce à Hopfield et son nouveau modèle de réseau de neurones complètement récurrent (bien qu'il souffrît de la même impossibilité de traiter les problèmes non linéaires), puis à Rumelhart et à LeCun qui introduisirent (indépendamment) le perceptron multicouche dont la notion de *rétropropagation* permet de traiter avec succès des phénomènes non linéaires.

Plus généralement, un réseau de neurones *artificiels* est constitué d'un ensemble d'entités interconnectées, chacune ayant des entrées et des sorties (valeurs numériques). Le comportement d'un neurone dépend de la somme de ses valeurs d'entrée (éventuellement pondérées par un poids synaptique, permettant de donner plus ou moins d'importance à ces entrées).

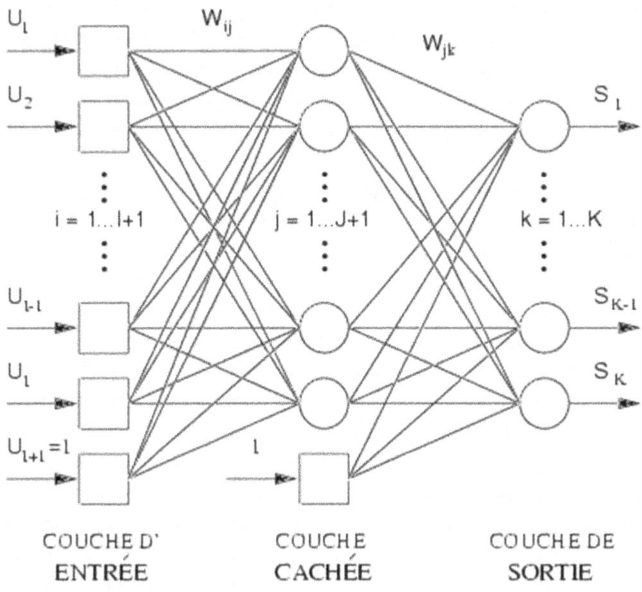

Fig. 11 : Un réseau de neurones artificiels multicouche

Si la somme résultante dépasse un certain seuil (fonction de seuillage), la sortie prendra alors une valeur positive (on dit alors que le neurone se

13. Ces puces ont été créées pour faciliter les jeux sur ordinateurs : merci au marché des jeux électroniques qui constitue toujours le principal moteur de l'amélioration de la puissance des machines.

déclenche), sinon elle restera nulle. Un réseau peut comporter plusieurs couches de neurones : une couche d'entrée (les données), une de sortie (les résultats), et une ou plusieurs couches intermédiaires, avec ou sans boucles. C'est l'introduction de ces nombreuses couches intermédiaires (voir le paragraphe « apprentissage en profondeur ») qui permet actuellement aux machines d'arriver à des résultats étonnants en termes de reconnaissance et de classification des données.

La fonction de prise en compte des entrées, comme la fonction de calcul de la valeur de sortie (fonction de transfert) peut également être plus complexe.

Les types de réseau de neurones se distinguent principalement par plusieurs paramètres dont les principaux sont :

1. La topologie des connexions entre les neurones ;
2. La fonction d'agrégation utilisée (prise en compte des entrées) ;
3. La fonction de seuillage utilisée (possibilité de sortie) ;
4. L'algorithme d'apprentissage (évolution des paramètres) ;

Le principe de fonctionnement consiste, dans une première phase (apprentissage), à présenter aux neurones d'entrée les valeurs correspondant à de nombreux exemples, et aux neurones de sortie les valeurs respectives des résultats souhaités. Les règles d'apprentissage (permettant de faire évoluer les différents paramètres du réseau) miment la plasticité synaptique des réseaux biologiques. Ces paramètres déterminent l'évolution du réseau en fonction de ses informations d'entrée. Il faut choisir un mécanisme permettant de les calculer et de les faire converger si possible vers une valeur assurant une classification aussi proche que possible de l'optimale, c'est-à-dire telle que les correspondances entre les entrées et les sorties soient les meilleurs possibles.

Après un nombre statistiquement pertinent d'exemples traités, l'apprentissage est terminé et le réseau peut être utilisé, dans une seconde phase, pour la reconnaissance. Comme il produit toujours une sortie, même pour des entrées non rencontrées auparavant, il a une capacité de généralisation.

Les réseaux de neurones ont par la suite connu un essor considérable, et ont fait partie des premiers systèmes à bénéficier de l'éclairage de la théorie de la « régularisation statistique » introduite par Vladimir Vapnik en Union soviétique et popularisée en Occident depuis la chute du mur. Cette théorie, l'une des plus importantes du domaine des statistiques, permet d'anticiper, d'étudier et de réguler les phénomènes liés au surapprentissage. On peut ainsi gérer un système d'apprentissage pour qu'il arbitre au mieux entre une modélisation pauvre (exemple : la moyenne) et une modélisation trop riche qui serait optimisée de façon illusoire sur un nombre d'exemples trop petit, et serait inopérante sur des exemples non encore appris.

Les méthodes traditionnelles de résolution informatique demandent la construction *a priori* d'un programme pas à pas en fonction de la compréhension du problème à résoudre ; à l'opposé, l'utilisation de ces réseaux permet de laisser le programme se configurer seul petit à petit par l'apprentissage.

Apprentissage en profondeur

L'apprentissage en profondeur (« *deep learning* ») introduit une multitude de couches internes, ce qui autorise l'émergence de concepts intermédiaires pertinents pour la reconnaissance et permet d'opérer rapidement des classifications et d'apprendre à les améliorer. Leur développement et leur mise en œuvre sont dus à l'augmentation des puissances de calcul et à l'utilisation des puces graphiques en parallèle.

À chaque étape — il peut y avoir une vingtaine de couches —, le réseau de neurones approfondit sa compréhension des données initiales avec des concepts de plus en plus précis. Pour reconnaître une personne, par exemple, la machine décompose l'image : d'abord le visage, les cheveux, la bouche, puis elle ira vers des propriétés de plus en plus fines, comme le grain de beauté. Avec les méthodes traditionnelles, la machine se contente de comparer les pixels. L'apprentissage en profondeur permet un apprentissage sur des caractéristiques plus abstraites que des valeurs de pixels, qu'elle va elle-même construire. L'espoir est que plus on augmente le nombre de couches, plus les réseaux de neurones apprennent des choses compliquées, abstraites, qui correspondent plus à la manière dont un humain raisonne. Ces différents niveaux correspondent à différents niveaux d'abstraction des données.

Il a fallu attendre 2012 avec l'émergence d'une nouvelle génération de puces graphiques (GPU) et l'accès à davantage de données de masse pour que ces techniques obtiennent des résultats encourageants.

On trouve maintenant 1 million de neurones et 256 millions de synapses sur une telle puce. C'est IBM qui a réalisé cette puce TrueNorth de 5,4 milliards de transistors en 2014, dans le cadre du projet Synapse financé par la DARPA (l'agence de recherche de la défense américaine). Conçue entre autres choses pour la détection et l'identification d'objets dans une image, cette puce a aussi l'avantage d'une très faible consommation — ce qui est un point fort des architectures « neuromorphiques ». IBM travaille à interconnecter ses puces TrueNorth, afin d'en assembler 4096 (le résultat actuel est de l'ordre d'une cinquantaine — ce qui correspond au cerveau d'un rongeur !) pour obtenir un ordinateur de 4 milliards de neurones et 1 000 milliards de synapses… Qui consommera seulement 4 kW ! Microsoft a récemment gagné une compétition entre machines reconnaissant des images avec un réseau à 152 couches !

En Europe également, des équipes de l'université de Manchester et de l'université d'Heidelberg travaillent sur des ordinateurs à architectures neuromorphiques dans le projet européen *Human Brain*, axé sur l'élucidation du fonctionnement du cerveau humain.

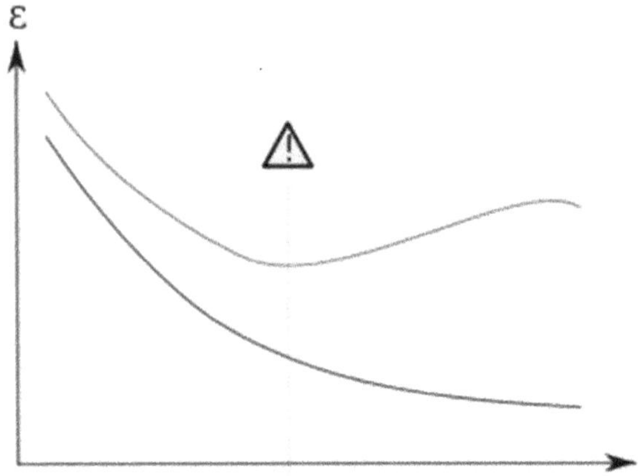

Fig. 12 : Surapprentissage

Il n'en reste pas moins (mais cela a toujours été le problème des techniques d'apprentissage en général et aussi des réseaux) que la réussite reste moins bonne sur des données nouvelles (en rouge dans le schéma ci-dessus *[nombre d'itérations en abscisse, erreurs en ordonnée]*) que sur les données d'apprentissage (en bleu). C'est le problème général de la *validation* de ces travaux. Un « surapprentissage » peut se produire lorsque le nombre d'exemples donnés est inadéquat à la structure prévue (par exemple si le réseau résultant est trop bien adapté à l'ensemble d'apprentissage, il perd ses capacités de généralisation). La méthode utilisée pour tenter de valider (empiriquement) l'apprentissage consiste à diviser les données en deux sous-ensembles : l'ensemble sur lequel on réalise l'apprentissage et l'ensemble de validation. L'ensemble de validation, non utilisé pour l'apprentissage, permet de vérifier la pertinence du réseau avec des échantillons qu'il n'a jamais rencontrés. On a un surapprentissage lorsque l'erreur du réseau sur l'ensemble d'apprentissage diminue alors que l'erreur sur la validation augmente. Cela signifie que le réseau continue à améliorer ses performances sur les échantillons d'apprentissage, mais perd ses capacités de généralisation sur ceux de l'ensemble de validation. Il convient alors d'arrêter l'apprentissage dès que l'on observe une telle divergence.

1.4. Conclusion sur l'apprentissage de l'intuition (reconnaissance des formes et des concepts)

Si l'apprentissage profond a amélioré considérablement l'efficacité des systèmes d'intelligence artificielle, il donne lieu, comme tous les autres systèmes précédents qui ne sont pas basés sur des modèles rigoureux, à des taux d'erreurs non nuls.

Il faut aussi souligner que cette technologie, faisant avancer considérablement le problème des opérateurs de classification, ne retrouve pas encore simplement les relations entre formes élémentaires qui définissent les formes de niveau supérieur, sauf dans des cas précis.

Par exemple, elle ne permettrait pas de trouver une description simple des voiles de notre goélette du début, ni une description exacte de la goélette elle-même, qui correspondrait à notre compréhension humaine de la goélette, et qui serait tout de même la représentation la plus proche de la réalité et la plus simple.

Soulignons que de futures extensions, certainement importantes, de cet apprentissage profond devraient probablement y arriver.

Il s'agit en quelque sorte aujourd'hui de la création automatique de la fonction intuitive de reconnaissance de la forme, en d'autres termes de la création automatique de l'intuition, et non encore de la création de la reconnaissance rigoureuse par la définition de la forme.

C'est néanmoins un progrès considérable. Cette méthodologie a amélioré redoutablement l'efficacité des ordinateurs reconnaissant les formes et de ceux jouant aux échecs et au go par exemple. Mais surtout, elle a ouvert la porte à la coopération entre la reconnaissance des formes et des concepts et l'intelligence artificielle symbolique, de telle manière qu'on parle, dans la plupart des applications récentes, simplement d'intelligence artificielle, utilisant à la fois les méthodes de reconnaissance des formes et de concepts avec apprentissage programmant l'intuition et les méthodes de recherche opérationnelle, de théorie des jeux.et de parcours d'arborescence logique et rigoureux.

À la suite du succès de ces recherches, Microsoft, Google et IBM se sont associés pour créer un processeur de reconnaissance vocale qui grâce à cette technologie a amélioré son efficacité d'un facteur 2. Ce sont ces méthodes qu'utilisent Apple pour *SIRI*, Microsoft pour *Cortana*, Google pour *Google Map* et la reconnaissance des visages, ainsi que Facebook.

2. Les recherches sur l'apprentissage automatique d'opérateurs symboliques

2.1. Quelques généralités sur l'apprentissage symbolique

L'apprentissage peut, en général, être défini comme la faculté d'élargir ses capacités de raisonnement et l'aptitude à enrichir ses connaissances et donc augmenter ses performances. En informatique, cela implique qu'après apprentissage, des logiciels pourront traiter des tâches pour lesquelles ils n'auront pas été programmés à l'origine.

Les méthodes utilisées par les systèmes d'apprentissage en IA sont essentiellement des techniques de classification dont le but est d'identifier les classes auxquelles appartiennent des objets à partir de certains traits descriptifs. Ces méthodes étant issues de domaines scientifiques variés, on peut, plus ou moins arbitrairement, les séparer en deux groupes. Les méthodes de nature probabiliste ou statistique et les méthodes d'intelligence artificielle symbolique.

Nous avons abordé au chapitre précédent les méthodes statistiques, maintenant principalement fondées sur les réseaux de neurones artificiels profonds, vu leurs grands succès actuels, et simulant l'intuition et non la logique.

Les méthodes issues de l'intelligence artificielle symbolique se fondent inversement sur des méthodes logiques (la procédure de classification produite peut être écrite sous forme de règles) et adaptatives (la procédure de classification est fondée sur les valeurs des paramètres d'un modèle, paramètres qui sont adaptés petit à petit selon l'évolution des résultats).

Les différents types de raisonnements utilisés lors de la phase d'apprentissage sont *l'induction* (la règle fondamentale employée est alors la règle de généralisation qui exige d'avoir à sa disposition un assez grand éventail d'exemples et de contre-exemples) et *l'analogie* (une forme d'apprentissage qui consiste à faire des déductions à partir des informations connues et implique la reconnaissance d'une similitude avec une structure en mémoire et des opérations d'abstractions et de spécialisation).

Selon les types d'interaction et les informations produites, on distingue divers types d'apprentissages.

Apprentissage supervisé

Dans l'apprentissage supervisé, le problème est de distinguer des catégories d'objets dont on dispose des données correspondantes étiquetées suivant ces catégories. La phase d'apprentissage ajuste progressivement les paramètres du modèle pour que l'erreur soit la plus faible possible sur les exemples connus. Dans la phase d'extension et d'opération, la machine peut ensuite catégoriser des données inconnues selon le modèle qu'elle a construit au préalable.

Apprentissage non supervisé

Dans l'apprentissage non supervisé, au contraire, on ne dispose que de données non étiquetées (on ne sait pas *a priori* à quelle catégorie elles appartiennent). Lors de la phase d'apprentissage, le but est donc aussi d'établir les catégories possibles et de déterminer la structure sous-jacente des données. La phase d'extension en opération est, elle, identique à celle de l'apprentissage supervisé. Par exemple, cette technique est actuellement particulièrement utile pour déterminer des profils de comportement sur lesquels on n'a aucun *a priori* sur les catégories, à partir de multiples traces qu'on laisse quotidiennement sur Internet.

Apprentissage par renforcement

L'apprentissage par renforcement se distingue des autres modes d'apprentissage dans la mesure où il ne fait pas appel à une base d'exemples constituée en entrée. Son apprentissage s'effectue via des interactions successives avec l'environnement : la machine effectue une action, l'état de l'environnement change en fonction de celle-ci et la machine se voit attribuer une récompense en fonction du résultat obtenu ; ce processus est ensuite itéré un certain nombre de fois ou jusqu'à stabilisation.

La récompense permet à la machine de découvrir progressivement les meilleures actions à effectuer vis-à-vis du résultat qu'elle cherche à obtenir. Un exemple récent de ce type d'apprentissage a été particulièrement médiatisé avec AlphaGo : l'action est un coup, l'environnement est le plateau de jeu avec les pions disposés dessus, et la récompense est le fait de gagner ou non à la fin de la partie. L'apprentissage par renforcement trouve également des applications en matière de robotique.

2.2. *Un exemple de réalisation : CAIA, le Chercheur Artificiel en Intelligence Artificielle de Jacques Pitrat*

En parallèle avec ces recherches d'opérateurs de classification, d'autres équipes avaient cherché des idées d'apprentissage logique en restant dans le domaine de l'intelligence artificielle symbolique.

En particulier dès les années 1960, le premier pionnier de l'intelligence artificielle en France, Jacques Pitrat, directeur de recherche au CNRS, lui a consacré sa vie professionnelle, d'abord beaucoup plus axée dans un premier temps sur la création de programmes intelligents joueurs de jeux par exemple d'échecs, ensuite sur la résolution de problèmes par les machines et le traitement automatique des langues, enfin sur les idées de méta-connaissance.

Il a eu l'idée d'imaginer des logiques d'apprentissage en demandant en quelque sorte à l'ordinateur d'être lui-même chercheur en intelligence artificielle et de construire des tactiques et des stratégies, à partir de raisonnements construits eux-mêmes de la même manière. Il a construit pour cela le programme CAIA, « *Chercheur Artificiel en Intelligence Artificielle* ». C'était d'une ambition évidemment gigantesque. Et ses recherches ont eu malheureusement moins de succès concrets et utilisables, et moins de notoriété dans les médias que l'apprentissage profond.

Jacques Pitrat a également inventé le concept de *pattern* (mot anglais pour *forme*) dans la programmation des algorithmes de jeu ou de résolution de problèmes. Ces patterns étaient les supports algorithmiques des différentes tactiques et stratégies utilisées. Son programme construisait en fait ces *patterns*, par un apprentissage logique assez complexe. Il avait donc déjà à l'époque introduit la notion de formes dans ses programmes d'intelligence artificielle logique[14].

Ces méthodes logiques et non probabilistes d'apprentissage automatique n'ont pas encore eu le succès de l'apprentissage profond, de nature plus intuitive, mais nous ne perdons pas espoir : l'évolution de l'apprentissage profond et la manière chinoise de Baidu de gérer les *big data* pourraient très bien y arriver, en prolongeant CAIA.

14. Je me souviens des discussions tout à fait courtoises et respectueuses que nous avons eues, où je lui expliquais que les probabilités pouvaient avoir un certain rôle. Mais manifestement cela ne correspondait pas à la direction de ses recherches. (CR). Je me souviens aussi de sa tristesse, quand dans les années 80 les champions d'échecs commençaient à perdre devant l'ordinateur *Deep Blue* d'IBM. *Deep Blue* utilisait la force de sa puissance de calcul, et sa rapidité pour analyser les coups jusqu'à des profondeurs d'analyse de jeu très importantes, mais n'utilisait absolument pas les méthodes qu'il appelait intelligentes du type de celles qu'il faisait trouver à son ordinateur et qui permettaient de découvrir des combinaisons gagnantes. Pour lui c'était la « victoire de la force sur l'intelligence ». (CR)

De manière plus précise, les techniques d'apprentissage dans CAIA sont fondées sur certaines caractéristiques liées à la conscience. Ces caractéristiques donnent un avantage énorme aux systèmes artificiels : leur capacité à observer leurs connaissances, leur possibilité de s'observer en cours de fonctionnement, leur aptitude à faire une méta-combinatoire bien plus considérable que celle qu'un humain peut faire et leur immortalité.

Tous ces points se fondent sur la déclarativité des connaissances, explicites ou procédurales, et à différents niveaux plus généraux, « niveaux méta ». Un aspect fondamental qu'aborde Jacques Pitrat est l'évolution de ces connaissances, leurs mécanismes d'acquisition, leurs transformations en processus compilés et l'évaluation de leur intérêt.

2.2.1. *Analyser ce qu'on sait*

Les humains ne savent que très peu de choses sur ce qu'ils savent. Au contraire, les connaissances de CAIA étant exprimées sous une forme aussi déclarative que possible, il en a une conscience effective[15]. Cette forme déclarative les rend plus faciles à analyser, à créer et à modifier. Mais, cette forme les rend figées. Pour que le système puisse agir, il faut les transformer en connaissances procédurales (la forme active correspondante).

Les traitements qui indiquent comment traiter des connaissances déclaratives (méta-connaissances[16]) et qui permettent cette traduction sont explicités également sous forme déclarative puis transformées en connaissances procédurales, grâce à elles-mêmes.

Ainsi, CAIA transforme toutes ses connaissances déclaratives en programmes C. Jacques Pitrat n'a pas écrit une seule ligne des 450 000 lignes de C qui le constituent actuellement. Afin de ne pas avoir à traiter une complexité inaccessible, ces programmes se sont développés à partir d'eux-mêmes depuis 25 ans (tout cela a été amorcé ou « *bootstrappé* »).

Mais il ne suffit pas d'observer, il faut comprendre ce que l'on observe pour pouvoir l'utiliser.

2.2.2. *S'observer en train de fonctionner*

La plus grande partie des mécanismes intellectuels humains sont inconscients : on sait, par exemple, quels raisonnements on a suivis, mais on ne sait pas pourquoi on les a considérés, de même pour les analogies qui émergent « comme ça ». En outre, nous n'avons aucun moyen de rendre l'ensemble conscient.

---

15. Nous parlons ici de notions liées à la « conscience » ; gardons pour l'instant le sens intuitif de ce terme. Nous développerons plus précisément ces notions dans le chapitre 5.
16. Le préfixe « Meta » a bien comme signification les diverses réflexions et actions intervenant de manière plus générale, au niveau au-dessus des concepts en question.

Au contraire, CAIA gère une simple pile des appels de fonctions. Il peut ainsi rendre consciente toute étape de n'importe lequel de ses modules : chacun d'eux sait ce qu'il fait, peut savoir dans quel état il est quand il s'arrête et peut repartir sans que cet arrêt l'ait perturbé, au contraire des humains qui sont dérangés par une interruption et ne peuvent reprendre l'exécution telle quelle. Il a ainsi la possibilité de détecter des erreurs ou des anomalies, de contrôler les bouclages ou les explosions combinatoires… Il peut décider de se modifier dynamiquement et utiliser immédiatement les modifications qu'il a éventuellement décidé d'effectuer et décider ou non de les conserver.

Tout cela peut se faire aussi bien en cours de traitement qu'à la fin d'un traitement. Ce qui est très difficile -pour ne pas dire impossible-pour les humains parce que notre mémoire est insuffisante et que nous ne pouvons reconstituer exactement la situation passée.

Grâce à ces représentations complètes de ses exécutions, CAIA peut créer une trace de ce qu'il fait et pourquoi il le fait. Il engendre ces représentations systématiquement, ce qui lui permet d'expliciter une explication et une méta-explication. L'explication justifie la solution tandis que la méta-explication indique comment on est arrivé à penser à faire les étapes utiles aussi bien qu'à éviter les étapes inutiles : elle contient la séquence des méta-connaissances qui ont servi à sélectionner les connaissances qui ont été utilisées au cours d'une exécution. Tout cela lui permet de gérer intelligemment l'évolution de ses connaissances.

2.2.3. Méta-combinatoire

Pour chaque méthode, CAIA dispose de déclencheurs qui disent si elle peut être pertinente, des conditions qui vont l'interdire et des priorités qui vont décider l'urgence de son utilisation.

Au lieu de faire uniquement de la combinatoire[17] sur les valeurs possibles des variables, CAIA fait aussi de la combinatoire sur les méthodes possibles pouvant faire progresser la résolution.

Cette méta-combinatoire a une grande supériorité sur la combinatoire : pour justifier une solution, il n'est pas nécessaire de donner toute l'arborescence engendrée, mais seulement les méthodes qui ont servi à trouver cette solution. CAIA fait ce choix automatiquement pour créer une explication, ce qui lui sert aussi pour la gestion de l'évolution de ses connaissances.

2.2.4. Immortalité

Pour l'informatique, il est facile de reproduire un système. D'une part, il peut être très commode d'avoir plusieurs exemplaires d'un système

---

17. Le mot « combinatoire » signifie qu'on prend en compte pour les associer les objets impliqués de manière hors de tout critère signifiant de choix : de manière aléatoire, ou de l'ordre d'arrivée, ou par ordre alphabétique, …

efficace pour les tester dans des situations très diverses. Cela permet de disposer de plus de temps pour progresser, mais aussi de prendre des risques, débouchant éventuellement sur un apprentissage plus efficace.

D'autre part, cela a d'importantes conséquences sur la cognition artificielle : on peut aussi créer des copies légèrement différentes, ce qui permet de comparer les importances relatives de ces variations. On peut ainsi adapter la personnalité d'un système au type de tâche dont il est chargé : on conserve la copie la plus efficace dans un contexte donné.

Il en résulte qu'un système artificiel est quasiment immortel et est tout à fait adapté à utiliser sa version la plus efficace.

2.2.5. L'évaluation de l'utilité de ces évolutions

L'autonomie est donc une caractéristique essentielle des systèmes intelligents et pour qu'ils puissent s'enrichir de leur propre expérience, nous avons vu que la faculté de s'observer était nécessaire. Mais, pour un tel programme qui fonctionne de façon de plus en plus autonome, il est impossible à ses concepteurs de prévoir tous ses comportements ; il faut donc des mécanismes de contrôle extrêmement élaborés. Pour éviter les dérives non souhaitables et faire respecter les valeurs et les principes qui fondent l'ensemble du système, il faut donc qu'il y ait un module robuste qui surveille le tout, ce que l'on pourrait assimiler à une sorte de conscience morale. Ce module devrait suivre d'une part des valeurs intangibles et d'autre part des principes généraux qui retardent ou interdisent des opérations trop dangereuses (comme la suppression définitive d'éléments dont la création et l'adaptation ont demandé beaucoup de travail et qui se sont révélés pendant longtemps comme très efficaces)[18].

Une des questions difficiles qui n'est pas résolue est que ces valeurs et principes sont évolutifs chez l'homme, dépendent de la culture et peuvent être considérés à trois niveaux : pour l'individu, pour le groupe ou pour l'humanité entière. En revanche, ces valeurs sont fixes chez les machines (et il est d'ailleurs fortement souhaitable qu'elles le restent et que ces systèmes autonomes n'aient pas accès à ces valeurs) et peuvent être différentes des valeurs de l'homme.

---

18. Isaac Asimov a abordé cette question dans les années 1950 dans *Les Robots* [2]. Il a proposé ses lois de la robotique afin de gouverner des systèmes artificiellement intelligents. Une grande partie de son travail a ensuite été consacrée à tester les limites de ses lois. Comme il est arrivé à construire systématiquement des situations où les lois sont mises en défaut, son travail ne suggère qu'aucun ensemble de lois fixes ne peut anticiper suffisamment toutes les circonstances possibles.

3. Les hypothèses et les données nécessaires à l'apprentissage

Nous verrons dans le chapitre suivant, de manière plus détaillée, comment on construit, ou plutôt on doit construire, les systèmes d'intelligence artificielle et comment on prépare le processus d'apprentissage au mieux.

Dès à présent nous tenons simplement à souligner l'importance et la complexité du processus préliminaire de définition des besoins à satisfaire par le système à construire, aidé en particulier par l'apprentissage, et aux conditions de contrôle et test des différentes étapes de construction.

Toutes les hypothèses d'emploi doivent être définies en détail, surtout les plus risquées et dangereuses, même si elles sont rares. Tous les buts à atteindre par le système doivent être définis, avec analyse précise de la cohérence des différents buts dans chaque situation. Les données de tests doivent représenter au mieux chaque situation, chaque résultat de décision du système, et donc couvrir un nombre suffisant de cas, bien supérieur à ce qui est nécessaire pour l'évaluation statistique.

Si par exemple on demande comme pour un avion civil commercial une probabilité de panne catastrophique meilleure qu'une sur un milliard par heure, il faudrait de nombreux milliards de données de test pour qualifier l'avion s'il utilise l'intelligence artificielle avec apprentissage.

Le document remarquable de la DGA (l'organisme acheteur du Ministère des armées français) « Guide de recommandations pour la spécification et la qualification de systèmes intégrant de l'intelligence artificielle » décrit cela précisément.

Dans les développements de systèmes non sensibles et ne demandant pas de taux d'erreur faibles, les ingénieurs se contentent d'un ensemble de données dit « d'apprentissage », et une fois que le système est construit sur ces données, d'un ensemble de données différentes appelé « ensemble de test », qui contrôle *in fine* la validité du produit (comme nous l'avons dit précédemment).

Dans les cas de la DGA, les systèmes de défense étant par nature plus sensibles aux erreurs du système, par leurs conséquences éventuelles, son Guide de recommandation (en fait de futures spécifications contractuelles) demande l'emploi de quatre jeux représentatifs de données. Chez le maître d'œuvre : un jeu d'entraînement (pour l'apprentissage), un jeu de validation (du développement), un jeu de test (pour l'évaluation finale propre au maître d'œuvre) ; et pour la DGA, un jeu de qualification qui lui permettra de qualifier le système en tant que client-acheteur représentant l'utilisateur. Et bien sûr il faut que chacun de ces jeux de données soit complètement représentatif.

4. Conclusion sur l'apprentissage

Le présent chapitre dédié à l'apprentissage automatique des systèmes d'intelligence artificielle doit être considéré comme une photographie de la situation actuelle des techniques utilisées ou en passe d'être utilisées. Le lecteur, nous l'espérons, aura bien observé qu'il y a encore énormément de recherches à faire, et que ce n'est qu'un tout petit début de cet apprentissage automatique.

L'essentiel des développements d'applications de l'intelligence artificielle utilise l'apprentissage « manuel », celui provenant de l'expérience de l'ingénieur-développeur qui fabrique son application lui-même. Si on donne ce travail à faire à l'ordinateur lui-même, il s'agit alors d'apprentissage automatique. L'outil nécessaire, et quasiment le seul actuel, est celui de l'apprentissage profond, qui ne traite encore que d'une partie de l'apprentissage automatique de l'intuition.

Le reste de l'apprentissage, la recherche et la construction des nouvelles formes, dont une grande partie est aussi de l'intuition, reste à inventer. Quant à la construction automatique des opérateurs logiques et du raisonnement, les idées de CAIA constituent un bon début, mais une immensité de recherche reste à faire, pour arriver à des méthodes et techniques utilisables de manière réaliste.

CHAPITRE 4

La synthèse vers l'intelligence artificielle actuelle « faible »

1. Les différences du passé entre reconnaissance des formes et intelligence artificielle symbolique

Les anciennes différences de fond et de culture scientifique entre les deux domaines de la reconnaissance des formes et de l'intelligence artificielle symbolique, restent encore toujours actuelles même si on les regroupe dans l'« intelligence artificielle ».

1.1. Les différences de fond

- La reconnaissance des formes et des concepts s'intéresse à l'acquisition de données, à la reconnaissance des objets et concepts qu'elles représentent, et à la compréhension au sens large de leur nature et de leur environnement.
- L'intelligence artificielle symbolique s'intéresse au domaine des décisions à prendre et des actions entrainées : en ne tenant compte que des faits logiques et des concepts déjà définis.

C'était et c'est fondamentalement la différence entre *voir-comprendre* et *décider-agir*, sachant que pour atteindre une véritable intelligence les deux sont nécessaires et complémentaires.

1.2. Les différences culturelles

On observe toujours encore une différence culturelle importante entre les chercheurs en reconnaissance des formes et les chercheurs en intelligence artificielle symbolique. Ils orientent différemment leurs outils et leurs voies de recherche. Claude Roche a découvert cette différence culturelle à la fois en France en travaillant avec Jacques Pitrat, Jean-Louis Laurière et Jean-Claude Simon entre 1968 et 1972, et lors de ses rencontres aux États-Unis avec John McCarthy[19] à Stanford et avec Seymour Papert et Sherry Turkle[20] au MIT en 1971.

Il s'agit de leur relation avec les probabilités et les statistiques pour les uns, et avec les graphes et la logique pour les autres.

- Pour un chercheur en reconnaissance des formes comme nous l'étions avec Jean-Claude Simon et nos collègues français, les probabilités étaient à la base de tout : c'est bien en les mesurant au mieux qu'on détecte l'existence de formes, qu'on est amené à construire leur description et leurs critères de reconnaissance et qu'ainsi, si on y arrive, on les définit et on peut les apprendre.
- La réalité des formes n'existe, on l'a vu, que parce qu'elles sont construites sur des relations particulières entre des formes élémentaires, ce qui entraîne les corrélations statistiques entre celles-ci qui permettent de les détecter.
- Le problème de définir ensuite leurs relations est très différent. Lorsqu'on n'arrive pas à les décrire précisément, il ne reste que les probabilités qui permettent d'affirmer leur existence. Il s'agit plus alors de ce qu'on appelle intelligence artificielle, mais plutôt « d'intuition artificielle ».
- Et c'est bien ce que fait aujourd'hui l'apprentissage profond qui reconnaît ou décide approximativement, sans donner de représentation logique rigoureuse des formes qu'il « reconnaît ».
- La reconnaissance des formes est aujourd'hui un mélange principalement d'intuition, avec un appui de la logique quand on peut en trouver une. Et cette définition s'applique à ces notions, indifféremment, qu'elles soient « naturelles » ou « artificielles ».
- En revanche, pour les chercheurs en intelligence artificielle symbolique à l'époque, comme McCarthy, Papert et Pitrat l'important était la construction des raisonnements eux-mêmes, que le résultat de la machine fût soit de gagner s'il s'agit d'un programme jouant aux échecs, soit de réussir une optimisation s'il s'agit de l'emploi du temps dans un lycée ou du trajet d'un voyageur de commerce.

---

19. J'avais été invité à faire une conférence au MIT chez Marvin Minsky sur mes recherches en reconnaissance des formes. Et j'en ai profité pour traverser les États-Unis et rencontrer John McCarthy au AI Lab du SRI (Stanford Research Institute). Je les ai donc rencontrés à une semaine d'intervalle. J'ai constaté qu'ils me délivraient tous les deux le même message presqu'à la virgule près. La même année, j'ai croisé un chercheur français que je ne connaissais pas, ni a fortiori ses recherches, et qui travaillait aussi sur la reconnaissance des formes, avec des idées différentes. J'ai découvert aussi que son bureau à Paris était dans un couloir de l'Université Paris VI à côté du mien ! Quelles différences culturelles ! (CR)

20. Sherry Turkle m'a montré alors son système éducatif pour apprendre extrêmement simplement aux petits enfants à programmer les mouvements d'une petite tortue. Ce principe est toujours à la mode aujourd'hui ! (CR)

La notion même de probabilité leur paraissait plus perturbante qu'efficace, comme si les probabilités diminuaient la crédibilité de leurs idées : « programmer l'intuition, c'est absurde ! ». Pourtant, c'est l'intuition derrière la stratégie d'un joueur d'échecs qui lui permet d'orienter ses analyses logiques. Elle est probablement assez proche des probabilités et de certaines mesures inconscientes de statistiques, tout en pouvant avoir certains raisonnements rationnels ou pseudo-rationnels eux aussi inconscients, mais qui doivent probablement être validés par ces mesures statistiques.

L'intelligence symbolique est un mélange principalement de logique avec de l'intuition en appui quand la logique devient insuffisante.

Ces différences culturelles sont à rapprocher du couple science physique et science mathématique. La physique s'intéresse à la réalité et sa compréhension, les mathématiques au raisonnement lui-même indépendamment des réalités. Ces deux sciences travaillent ensemble : la physique utilise l'intuition pour découvrir et les outils mathématiques pour comprendre, et les mathématiques essaient de rapprocher ces outils propres de la réalité pour qu'on puisse avec eux expliquer cette réalité.

Heureusement cette différence de culture qui était tout à fait fondamentale jusqu'il y a une dizaine d'années, s'estompe de plus en plus. Et particulièrement en ce moment : la logique et l'intuition travaillent maintenant ensemble, comme les mathématiques et la physique et comme Pascal l'imaginait déjà chez l'humain. Nous retrouvons maintenant ce schéma dans les ordinateurs dits « intelligents ».

1.3. Les différences techniques

Les chapitres précédents décrivent les méthodes de construction des systèmes de reconnaissance et des systèmes de raisonnement logique.

Dans tous les cas, on observe des constructions en « essais et erreurs » :

- En reconnaissance des formes, on décompose formes en plusieurs niveaux et à chaque niveau on détermine les formes élémentaires contribuant à l'existence de la forme dont on cherche la représentation. À chaque niveau on cherche les paramètres à relier en mesurant ou estimant leur corrélation statistique mutuelle et leur information utile pour reconnaître la forme finale. En cours de processus et à la fin, on évalue la qualité du système obtenu par les taux de reconnaissance et les taux de fausses alarmes.

Ce processus était réalisé auparavant « à la main » par les chercheurs qui prenaient alors un temps extrêmement important pour converger vers le bon résultat (des décennies par exemple dans le cas de la reconnaissance des empreintes digitales). Maintenant ils s'aident par l'ordinateur lui-même en lui demandant de faire lui-même les essais et les tests successifs, ce qui s'appelle l'apprentissage automatique.

- En intelligence artificielle symbolique, le processus est fait aussi « à la main », mais en utilisant pour beaucoup les raisonnements mathématiques pour aider à la convergence. Ces raisonnements peuvent utiliser la théorie des graphes, la théorie des jeux, les méthodes classiques de recherche opérationnelle, et bien sûr et surtout le « bon sens » humain.
  L'apprentissage automatique n'est guère utilisé, sauf si à l'intérieur de la logique programmée on trouve des décisions à prendre qui peuvent être traitées comme un problème de reconnaissance de formes : les formes « bonne décision » et « mauvaise décision ». Le chercheur utilise alors l'apprentissage des méthodes de reconnaissance de formes pour gérer ces parties qu'on peut appeler « intuitives » de l'ensemble du système.

Ces travaux en commun, en tous cas corrélés, comme nous le détaillons ci-après, a sans doute contribué à pousser les chercheurs en reconnaissance des formes et en intelligence symbolique à collaborer de plus en plus et à fusionner leurs deux écoles.

2. Leurs complémentarités concrètes et leur synthèse

- Les progrès récents en programmation des jeux, mis en exergue médiatique par la victoire d'*AlphaGo* contre le champion du monde de go Lee-Sedol en 2016 sont dus au progrès de la technologie en reconnaissance automatique des formes, l'apprentissage profond.
  En effet, les méthodes intuitives d'orientation des décisions dans les systèmes d'intelligence artificielle, pour choisir les meilleurs trajets de raisonnement ou pour évaluer des situations ou des choix, font appel de plus en plus aux méthodes d'apprentissage statistique des systèmes de reconnaissance de formes. En effet, choisir le meilleur trajet de raisonnement c'est reconnaître parmi les différents trajets la meilleure forme de trajet. De même pour le choix de la meilleure situation à atteindre. C'est donc bien la reconnaissance des formes avec ses outils et méthodes qui permet d'orienter ces choix.

- Inversement on observe que les progrès actuels en reconnaissance des formes font appel aux méthodes et idées de l'intelligence artificielle symbolique. La détection automatique d'objet ou de personne sur image commence à faire appel de plus en plus à des méthodes de parcours d'arborescence inspirés des méthodes utilisées dans les jeux ou la recherche opérationnelle.
  Ces méthodes devraient d'ailleurs normalement étendre beaucoup plus leur domaine d'application.
  Les formes, en effet, sont structurées en arborescences et hiérarchies si elles sont simples, ou dans le cas général en graphes ou treillis beaucoup plus complexes. Ainsi pour les reconnaître de manière plus rigoureuse que par « l'intuition » actuelle de l'apprentissage profond, il faudra passer beaucoup plus systématiquement par l'analyse de ces arborescences ou treillis, avec les mêmes contraintes et méthodes que le parcours des coups possibles dans la programmation des jeux.

Plus généralement, la reconnaissance des formes traite comme on l'a explicité du *voir, entendre, sentir et comprendre*, alors que l'intelligence artificielle symbolique traite du *quoi décider, comment, et faire ou agir au mieux*. Mais quand on analyse beaucoup plus finement les processus en question, on observe très vite que dans les faits ces actions diverses doivent être et sont complètement intégrées et intriquées.

Analysons les actions de notre martien de notre introduction qui regarde une scène qu'il n'a jamais observée encore : les Voiles de Saint-Tropez. Il observe d'abord une tache claire sur fond sombre (reconnaissance des formes), il décide (intelligence symbolique) de préciser ce qu'elle représente. Son œil se dirige (intelligence symbolique) sur le bord de la tache. Il observe que le bord est net (reconnaissance des formes). Il décide de suivre le bord (intelligence symbolique), il observe que le bord dessine une ligne à peu près droite (reconnaissance des formes), il continue (intelligence symbolique) et observe que la ligne droite s'arrête en un angle (reconnaissance des formes) … On peut continuer sur le reste de la page, et on obtiendra la logique qui aura amené notre martien à découvrir la forme goélette, à la décrire, et s'il mémorise sa description, il pourra ultérieurement la reconnaître.

Dans les actions les plus élémentaires, et pas seulement pour reconnaître une goélette, il faut utiliser la boucle *voir, comprendre, décider, agir* un nombre de fois important, et même souvent extrêmement important.

On peut citer le jeu d'échecs, où avant d'effectuer une action (un « coup »), on simule de nombreux fonctionnements de cette boucle, mêlant des choix intuitifs et des choix logiques.

Nous aurions aussi pu décrire la suite complètement intriquée des actions et observations avec les centaines de décisions successives que mènerait un conducteur de voiture qui traverse un village avec son véhicule. Il organise dans ces opérations de manière cohérente les centaines de décisions, d'actions, d'observations, de compréhensions, de décisions successives nécessaires, avec un mélange de compréhension, de décision d'observer, de compréhension de ses propres actions, etc. La voiture autonome devra faire la même chose, mêlant alternativement logique et intuition.

3. Les fonctions de l'intelligence, logique ou intuitive

A priori, la tendance naturelle est de dire : « L'intelligence est d'abord la capacité de compréhension, et le reste suit ».

Nous avons bien observé plus haut que les quatre actions : *voir*, *comprendre*, *décider* et *agir* étaient liées, les premières aux notions de reconnaissance des formes, les dernières à l'intelligence symbolique.

Mais :

- Pour améliorer le *voir et comprendre* il faut être capable de bien *décider* où voir, et de bien *agir* pour faire les choix correspondants.
- Pour améliorer le *décider et agir*, il faut utiliser des formes, pour bien évaluer et bien *décider*, et il faut bien *comprendre* pour bien *agir*.

Ces quatre actions fonctionnent en permanence en boucle : il faut voir pour comprendre, il faut comprendre pour décider, il faut décider pour agir, et de nouveau il faut agir pour voir. Et ces actions sont complètement intriquées dans la pratique.

C'est cette boucle qu'on observe chez notre martien du début qui observe la goélette.

C'est bien la boucle en question qui mérite d'être « intelligente ». Avec elle ses éléments : voir, comprendre, décider, agir. En effet on peut voir intelligemment, comprendre intelligemment, décider intelligemment, et agir intelligemment. L'intelligence *in fine* est mesurée par l'efficacité du résultat des nombreuses boucles nécessaires pour comprendre et mémoriser l'ensemble de la situation.

C'est cette boucle qui « tourne » en permanence chez les êtres vivants et qui traduit une intrication totale et permanente entre les fonctions voir comprendre, décider, agir, caractéristiques même de la vie. Cette boucle peut être représentée ainsi :

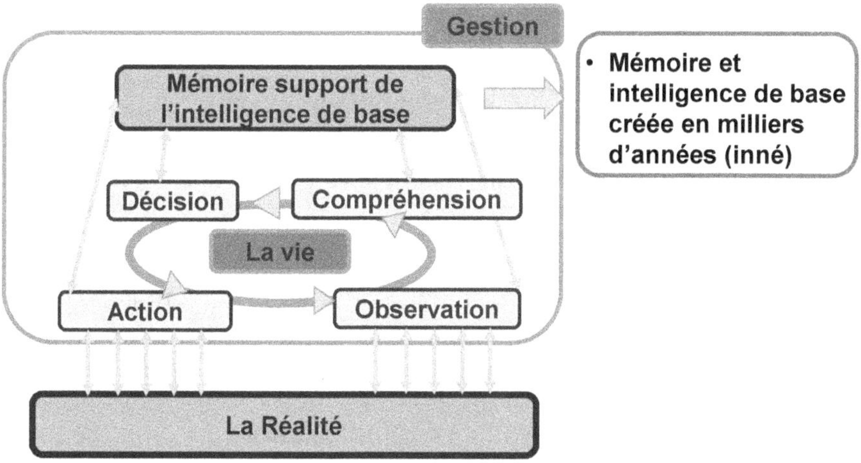

Fig.13 : Les fonctions de la vie des êtres vivants élémentaires

On peut aussi rappeler les neuf différentes formes de l'intelligence qu'a définies Howard Gardner : les intelligences logico-mathématique, linguistique, spatiale, intrapersonnelle, interpersonnelle, kinesthésique, musicale, naturaliste, et existentielle. Mais intéressons-nous plutôt à notre boucle qui pourrait être à la base générale de tout cela, comme noyau commun de ces intelligences.

Cette boucle fonctionne en liaison avec la réalité extérieure bien sûr, mais aussi avec une mémoire plus ou moins développée en fonction de la nature de l'être vivant correspondant et de son intelligence. L'ensemble étant géré au mieux pour que la vie en question fonctionne correctement.

Derrière le mot agir, on retrouve le choix pour une cellule d'attaquer un microbe, pour un humain ou un animal de tourner les yeux dans une certaine direction, pour un oiseau de donner à manger à ses oisillons, pour un joueur aux échecs de jouer un coup, pour un humain de construire une structure de définition d'une forme d'un concept ou d'une théorie, de piloter un drone d'observation, ou d'orienter un satellite d'observation.

Cette boucle [observer, comprendre, décider, agir] ne représente que les fonctions temps réel de la vie, et son moteur. Nous l'avons appelée boucle vitale, et non boucle d'intelligence.

À cette boucle commune à tous les êtres vivants s'ajoutent, chez les animaux intelligents et l'humain, des fonctions pouvant être beaucoup plus élaborées liées à ce qu'on peut appeler la vraie intelligence : ce sont les fonctions de mémoire (mémorisation, organisation et utilisation de la mémoire) et d'invention création (avec le rôle fondamental de la mémoire).

La mémoire et la boucle invention-création peuvent être considérées comme orientant les avenirs possibles et les buts de la vie, dimensionnant en temps différé la boucle de la vie qui fonctionne en temps réel avec la mémoire. Elles sont inversement alimentées en données par cette boucle vitale. C'est ainsi qu'on apprend ce qui se passe et ce qui s'est passé, que l'on conserve à l'esprit un maximum de concepts qu'on a découvert, qu'on apprend à agir, qu'on apprend à créer, et qu'on crée dans notre mémoire tous ces nouveaux concepts.

Ces deux fonctions extrêmement complexes chez l'humain, constituent le siège principal de ce que le sens commun appelle l'intelligence, par opposition aux fonctions purement vitales précédentes agissant en boucle temps réel, avec un minimum de mémoire que les êtres vivants les plus élémentaires et d'intelligence qu'on dit inexistante, ont acquis principalement par l'évolution pendant des millénaires.

La vie d'un être vivant d'intelligence supérieure comme l'humain consiste à la fois à utiliser sa boucle de vie pour comprendre et agir sur l'extérieur, la réalité, mais aussi à utiliser en parallèle et de manière différente sa boucle d'invention-création pour agir cette fois-ci sur son intérieur, sur sa mémoire et l'ensemble de son contenu. Son but étant de rendre cohérent au mieux l'intérieur (sa pensée) avec l'extérieur (la réalité).

On pourrait même aller plus loin et parler de la vie et de l'intelligence de l'humain comme effectuant une adaptation permanente pendant toute sa vie, entre la réalité et la représentation qu'il se fait de la réalité, en agissant en même temps sur les deux, sur son esprit et sur la réalité.

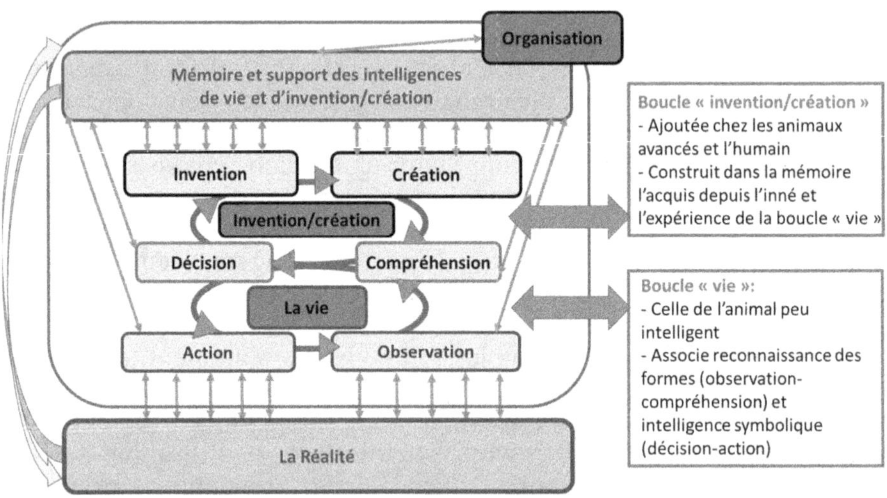

Fig.14 : Les fonctions de la vie et de l'intelligence, des animaux évolués et des humains

Enfin, notons une fonction importante de gestion pour la cohérence de l'ensemble : *l'organisation.* Qu'elle soit celle de la mémoire, ou celle pilotant le planning des actions temps réel avec leurs logiques court terme et long terme, ou celle assurant la cohérence entre les fonctions de boucle temps réel et les fonctions d'invention-création.

En dehors de la fonction optimisation de la mémoire qui reste fondamentale, il faut bien évidemment une cohérence entre les contenus de tous les blocs fonctionnels que nous décrivons ci-après dans les boucles vitales et d'invention-création et en dehors d'elles, et une fonction-chef d'orchestre qui s'adapte à l'environnement et aux fonctionnements temps réel et temps différé de l'ensemble.

Détaillons maintenant les autres blocs fonctionnels que nous avons schématisés dans le but d'avancer ne serait-ce qu'un peu dans la compréhension de l'intelligence et de pouvoir répondre un jour à la question : « Qu'est-ce qui rend vraiment un être vivant ou artificiel plus intelligent qu'un autre ? ».

Observation : les « capteurs » dont un humain dispose, c'est-à-dire ce qui correspond à ses 5 sens, sont particulièrement fins et informants. Même si certains animaux ont certains sens plus efficaces, la répartition globale des qualités des nôtres semble meilleure.

Compréhension : il s'agit de disposer d'une représentation la plus riche possible du maximum de formes et de concepts (appris au préalable par l'expérience ou l'enseignement par d'autres), et décrits le plus clairement possible dans la mémoire, avec, dans la fonction comprendre elle-même, des capacités à trouver rapidement et avec le minimum d'erreurs les notions qui correspondent à ce qui est observé, et ce qui est nécessaire pour bien décider.

Décision : elle implique toute une représentation en mémoire de buts à atteindre avec leurs différents niveaux cohérents, une représentation du temps et des logiques impliquées dans l'environnement observé et compris, une représentation détaillée des actions possibles et de leurs conséquences avec leurs logiques, et un calcul avec évaluation logique ou intuitive de l'intérêt de chaque action.

Action : il s'agit d'actionner les moyens extérieurs disponibles pour suivre la décision prise précédemment, ou, à l'intérieur, de changer d'idée ou d'en chercher de nouvelles. L'humain en dispose de particulièrement efficaces, sinon il en invente.

Mémorisation : les fonctions couvertes par la mémoire sont multiples : il s'agit pour cet ensemble de mémoriser au départ forme après forme, concept après concept de ce qui est observé, et en même temps d'utiliser la fonction d'invention pour trouver la bonne description puis de « ranger » correctement en mémoire la forme ou le concept avec leurs liens relationnels avec les autres entités en mémoire. Ranger correctement signifiant : « qu'on peut retrouver facilement ultérieurement avec l'optimum de liens relationnels ».

Périodiquement le « bloc mémoire » s'optimisera, en mesurant le nombre de fois où tel ou tel concept ou tel ou tel lien est utilisé, et changera peu à peu son organisation en fonction de ses expériences, en oubliant des formes qu'il ne voit plus jamais, ou des liens mal détectés ou avec peu d'occurrences. C'est le support des opérations de la boucle temps réel et du bloc invention-création.

La mémoire est un processus intellectuel dont le but est d'acquérir des informations pour les stocker et les réutiliser. Les relations entre mémoire et apprentissage sont si étroites que l'on confond souvent les deux. Toutefois, la distinction essentielle porte sur le fait que la mémoire permet de retrouver des expériences *passées*, et l'apprentissage permet de modifier un comportement *ultérieur*.

Généralement, la mémoire humaine est vue comme la faculté de reproduire ce qui a été effectué dans le passé, grâce à un mécanisme de « facilitation » dans les réseaux de neurones. Un chemin qui a déjà été suivi (une ou plusieurs fois) est repris plus facilement qu'un autre. On peut faire une analogie avec un système aquatique : un ruisseau qui passe et repasse au même endroit impose sa marque et repassera toujours au même endroit si l'environnement ne change pas; les mécanismes de facilitation de passage entre neurones (chimiques et électriques) font la même chose de façon plus complexe.

C'est pourquoi la répétition permet d'apprendre. Il faut ainsi souligner que *mémoriser* diffère de *rappeler* : pour mémoriser, on crée un chemin et on essaie de faire en sorte qu'il reste bien marqué soit en repassant plusieurs fois dessus (répétition) soit en l'associant systématiquement à des choses que l'on connaît déjà. Pour rappeler, c'est-à-dire faire revenir en mémoire consciente des choses qu'on connaît, un élément activé sur un de ces chemins permet de réactiver l'ensemble du chemin : un élément partiel d'une scène réactive en mémoire active (c'est-à-dire en mémoire de travail, ou encore accessible à la conscience) l'ensemble d'une scène vécue dans le passé [c'est *le présent remémoré* d'Edelman (1989) ; cf. aussi la plus connue madeleine de Proust[21]]. C'est ce qu'on appelle l'aspect associatif de la mémoire humaine.

La mémoire acquiert et gère donc ces données comme nous venons de le décrire. Mais elle a surtout dans les cas d'intelligence avancée un fonctionnement complémentaire dépendant des actions de la boucle d'invention-création qui l'alimente en parallèle en nouvelles données.

---

21. Marcel Proust avale une cuillerée du thé où il avait laissé s'amollir un morceau de madeleine, ce qui déclenche le souvenir d'une scène de son enfance dans laquelle il mangeait des madeleines, scène d'une grande charge émotionnelle et à laquelle sont donc associés de nombreux autres souvenirs...

Elle les gérera par ailleurs en symbiose avec celles qu'elle aura acquises par son fonctionnement propre.

Invention-création : il s'agit d'un bloc de fonctions très lié donc au bloc mémoire, ayant sans doute le même type de fonctions, mais actif de manière différente, puisque dans ce cas, on invente des concepts qu'on n'a pas forcément observés, mais dont on mesure par statistique ou intuition la cohérence avec les concepts « réels » mis en mémoire. Ce bloc peut commander à la boucle temps réel des actions pour tester la validité de ces nouveaux concepts, et si la boucle valide, le concept peut les faire transhumer dans la mémoire comme nouvelle forme ou concept de référence.

Il alimente le bloc mémorisation et les opérations temps réel.

4. Fonctions et définition scientifique de l'intelligence artificielle

4.1. Les fonctions de l'intelligence quand elle est « artificielle »

En suivant les idées déroulées dans le paragraphe précédent, on pourrait être amené à dire : « construire de l'intelligence artificielle est simplement introduire toutes les fonctions qui ont été précédemment décrites dans un ordinateur ! ».

Mais comment peut-on dire qu'on peut « introduire dans un ordinateur les fonctions ainsi décrites » alors qu'on ne sait pas rigoureusement comment elles opèrent ? Au milieu de tous les ouvrages, interventions, articles sur le sujet de l'intelligence artificielle qui sortent depuis quelques années, nous n'avons jamais vu ou entendu encore de définition scientifique correcte de ce que c'est, mise à part celle de nos amis spécialistes de l'intelligence artificielle.

La définition que nous entendons en général est à peu près : « C'est un système qui décide comme un humain », alors qu'on ne sait pas vraiment comment fonctionne précisément l'intelligence humaine. Quelquefois on aperçoit dans la phrase de définition le mot « cognition » ou d'autres mots qui n'ont de même qu'un sens biologique ou philosophique.

Aussi et surtout comment différencier un programme d'ordinateur habituel, dont on peut facilement analyser qu'il montre la plupart du temps des fonctions qu'on peut aussi décrire par les boucles décrites précédemment de *voir, comprendre, décider, agir*, d'un programme vraiment fondé sur l'intelligence artificielle ?
Dans tous les cas, programmation classique ou intelligence artificielle, on donne aux systèmes portés par des ordinateurs la responsabilité de prendre une décision.

Mais programmation et intelligence artificielle montrent une différence de fond significative. Afin d'être clair et rigoureux et surtout de déduire beaucoup plus simplement toutes les conséquences qui en découlent et qui montrent encore plus les caractéristiques de l'intelligence par rapport à la programmation, prenons plutôt comme définition scientifique de l'intelligence artificielle la suivante :

4.2. *Définition de l'IA — la frontière entre l'IA et la simple programmation*

- Cas de la programmation classique même extrêmement complexe : quand on veut disposer d'un système automatique autonome, et que la solution du problème est rigoureusement définie par des faits logiques et mathématiques et obéit à un modèle bien défini, un ordinateur bien programmé est depuis longtemps capable de le résoudre classiquement, sans faire appel à l'intelligence artificielle ; c'est ce que font depuis très longtemps nos ordinateurs qu'on utilise pour les calculs, même les plus complexes dans le spatial, le contrôle aérien ou l'industrie. L'intelligence qui le permet est alors humaine, dans la tête du concepteur. Ce n'est pas de l'intelligence artificielle. Cela s'appelle simplement de la *programmation.*
  La plupart de ces programmes emploient d'ailleurs des fonctions d'observation (la prise en considération des données), des fonctions de compréhension (leurs mises en forme et l'extraction des faits significatifs), des fonctions de décision (aiguillage sur de nouveaux sous-programmes, mise en forme de ce qu'ils doivent faire), et action (informer l'opérateur, ou déclencher un système physique particulier). L'ordinateur dispose donc d'une « boucle de vie » élémentaire, ou d'un ensemble coordonné de telles boucles. Même si ce n'est pas de l'IA.

- Cas de la vraie intelligence artificielle : dans tous les exemples présentés précédemment dans les deux premiers chapitres, qu'ils soient reconnaissance de la parole, des visages, jeux d'échec ou de go, optimisation des trajets par GPS, les problèmes posés n'ont *jamais* pu trouver de solutions logiques pouvant amener des programmations rigoureuses pour les résoudre,

- soit parce que les phénomènes que l'ordinateur observe ne sont pas rigoureux et parfaitement formalisables par la physique ou les mathématiques, comme la forme d'un visage, d'un son, ou d'un mot écrit, et de manière plus complexe la conduite automobile,
- soit parce qu'on voudrait que l'ordinateur, en dehors de la stricte reconnaissance ou compréhension, invente un nouveau concept, de compréhension ou d'action,
- soit parce que l'analyse des hypothèses possibles dépasse largement les possibilités des ordinateurs comme les jeux d'échec ou de go ou les optimisations GPS.

Le chercheur et l'ingénieur ont été ainsi amenés à découvrir d'autres méthodes approximatives pour trouver non pas la solution optimale, impossible à construire, mais des solutions sous-optimales qui pouvaient rester acceptables, pour un utilisateur pragmatique. C'est ce qui s'est passé pour la construction des systèmes de reconnaissance d'empreintes digitales, de l'écriture manuscrite, de la parole ; des systèmes de jeux comme le go ou les échecs ; des systèmes de conduite des voitures autonomes. Cette recherche a pris des décennies sans ordinateurs, beaucoup moins avec ces machines, et beaucoup plus vite encore avec l'apprentissage profond.

C'est la définition de fond de l'intelligence artificielle : il n'y a ni modèle sous-jacent utilisable ni algorithme connu, mais on veut quand même avoir un système autonome qui fonctionne à peu près correctement.

Ce n'est en aucune façon « une manière plus intelligente et plus efficace de programmer l'ordinateur ». Contrairement à ce que certains peuvent croire !

Remarquons aussi que cette caractéristique de non « formalisabilité » est la caractéristique principale de la très grande majorité des problèmes humains et sociétaux. C'est en effet la seule méthode qui a existé, et qui existe, de créer de nouveaux modèles, de nouvelles formes, de nouveaux concepts, c'est-à-dire d'inventer en prenant le langage de l'intelligence naturelle du paragraphe précédent.

Afin d'illustrer plus clairement ces idées, analysons la problématique du pilotage des avions. Certains ingénieurs et certains pilotes, pour des raisons différentes, croient en effet que l'intelligence artificielle pourrait améliorer la sécurité ! Prenons deux cas :

Cas n°1 : un pilote suicidaire — heureusement il y en a extrêmement peu – décide de précipiter son avion sur une montagne. Une solution qui semble adaptée si on veut l'en empêcher, et si on décide de faire l'investissement correspondant, serait d'avoir la mémoire exacte à bord de l'avion du relief du sol survolé par les avions de la compagnie aérienne, ce qui se fait déjà depuis longtemps pour les avions militaires de combat. Pendant le vol un ordinateur prend en permanence les informations de position de l'avion, son attitude, sa vitesse et les paramètres annexes comme la vitesse du vent, et calcule en continu le risque de crash sur le sol. Quand ce risque s'avère et est prévu par l'ordinateur dans un délai de quelques dizaines de secondes, une commande automatique se déclenche et fait monter l'avion à une altitude de sécurité, en coupant la commande du pilote.

Ensuite un dialogue peut s'instaurer entre le pilote et le centre d'opération de la compagnie aérienne. Le problème pourra alors se traiter de différentes manières, dont des solutions proposées par les ingénieurs (par exemple un trajet automatique avec atterrissage sur l'aéroport le plus proche, ce qui est maintenant techniquement tout à fait possible), toujours en discussion et non encore acceptées par les pilotes. La base de ces discussions est bien sûr la sécurité globale.

Certains me disent que le système embarqué qui décide du risque et déclenche la montée en altitude de l'avion est de l'intelligence artificielle. Pas du tout ! C'est tout simplement de la bonne programmation classique et fondée sur des systèmes physiques connus. Pas d'aléas sauf des pannes, pas d'intuition tout est mathématique. On est donc en dehors de notre définition scientifique de l'intelligence artificielle.

Cas n°2 : deux pilotes, avec une expérience moindre qu'un ancien commandant de bord, traversent l'Atlantique dans un Airbus par exemple entre Rio et Paris, et par erreur commencent à traverser une zone très orageuse. Des sonneries retentissent signalant que momentanément les informations de vitesse-vent données par les sondes Pitot sont inefficaces, et l'avion passe la main aux pilotes.

Le pilote en charge sur le siège gauche du cockpit prend la main. Il a alors du mal à interpréter les informations qu'il reçoit et à comprendre la situation. Il croit alors qu'il lui faut tirer sur le manche au lieu de le pousser et mettre les gaz, sans comprendre que les gaz avaient déjà été mis à fond ni qu'il décrochait et tombait. Et c'est très vite la catastrophe.

Cela est une description simple du scénario de la catastrophe du vol AF 447 du 1er juin 2009, avec les décisions prises par les pilotes humains eux-mêmes alors qu'ils étaient entraînés à ne pas le faire.

S'il y avait eu un programme à la place des pilotes, il aurait peut-être pu analyser les données météorologiques dont l'image radar correspondante, et aurait pu en déduire approximativement, puisqu'il n'existe pas de modèles physiques ou mathématiques de la forme des nuages, que « cela devrait ressembler à un orage » et de force suffisamment importante pour qu'il décide de le faire contourner par l'avion. Il se serait alors agi vraiment d'une intelligence artificielle.

Mais au stade actuel de l'intelligence artificielle, l'ordinateur aurait pu faire les mêmes erreurs que les pilotes, et de manière encore plus probable. En effet, l'interprétation de la dangerosité d'un orage vue par son image radar, outre qu'elle n'est pas modélisable, est très difficile à faire par une intelligence artificielle, et ce pour encore de nombreuses décennies.

Cette interprétation ne peut, et encore pour longtemps, se faire que par l'apprentissage profond qui garderait dans ce cas-là un taux d'erreur non négligeable et probablement supérieur à celui des humains : en quoi l'image d'un orage le montre-t-il dangereux ou pas ? Il ne s'agit là que d'intuition, avec tout ce que cela implique.

Si par cette erreur d'évaluation de forte probabilité, l'intelligence artificielle avait décidé comme lui de continuer et de traverser l'orage, elle se serait retrouvée dans les mêmes conditions catastrophiques que nos pilotes.

Ensuite la panne de Pitot, qui aurait aussi existé, aurait pu ne pas entraîner un passage de main du pilote automatique au pilote humain, mais à la fonction intelligence artificielle de l'avion. Celle-ci aurait sans doute pu intégrer les informations avion, tenant compte de l'absence d'information de la vitesse-vent des sondes Pitot (ce qui arrive souvent en réalité), et aurait pu comprendre que l'avion avait une probabilité de décrocher. Ou ne pas le comprendre comme nos pilotes humains, avec une certaine probabilité d'erreur.

Mais la complexité de la situation et des informations reçues (si on garde les mêmes) est telle que l'apprentissage de l'intelligence artificielle actuelle (et non encore la future IA « forte ») aurait suivi aurait été insuffisant pour qu'elle puisse prendre une bonne décision acceptable par les critères actuels de sécurité. Rappelons en effet que le taux de panne catastrophique actuel sur les vols de transport civil est d'une sur un milliard d'heures de vol, et qu'en 2017, il n'y en a eu aucune dans le monde.

Les deux intelligences humaine et artificielle montrent une certaine corrélation :

- Pendant ces raisonnements humains et artificiels, on retrouve dans les deux cas des processus d'intuition : l'intuition humaine qui fait choisir tel ou tel trajet d'analyse et telle ou telle décision, et l'intuition de l'apprentissage profond qui est de même une estimation non logique et statistique des situations et des processus.
- Ces deux intuitions proviennent de l'expérience des deux acteurs : l'homme qui a appris, et l'ordinateur qui a analysé sur de multiples expériences — par apprentissage — un certain nombre de situations et s'est construit son opérateur de choix.

- Les deux peuvent toujours se tromper, plus ou moins souvent bien sûr.
- Les deux sont arrêtés dans leurs apprentissages et leurs réflexions par la difficulté du problème : nombre d'essais possibles pour l'ordinateur et sa taille mémoire, manque de mémoire pour l'homme pour faire suffisamment d'analyses, ou de garder en mémoire suffisamment de situations à reconnaître.

Inversement, observons quelques différences entre ces deux intelligences :

- D'abord, à l'avantage de l'ordinateur, dans les raisonnements que l'humain et l'ordinateur font, il y a toujours une partie rigoureuse du type contrainte matérielle, rationnelle ou réglementaire. Dans ce cas l'ordinateur la gère mieux et sans erreur.
- Mais, à l'avantage de l'humain, la machine d'intelligence faible aujourd'hui n'a qu'une petite capacité intuitive encore fondée sur un apprentissage avec un nombre limité, même s'il est « profond », de paramètres et d'expériences. Et sa capacité logique pour ce qui est simplement du pilotage d'un avion de ligne nécessiterait la mise en forme de tous les manuels de pilotage, incluant la physique de vol, un ensemble significatif d'expériences concrètes de situations aériennes résolues ou non, avec les indications des milliers de paramètres nécessitant un apprentissage profond intuitif.
- Tout ceci n'existera qu'avec l'intelligence artificielle forte qui sera fondée justement sur la méthodologie nécessaire pour effectuer toutes ces opérations.
- Enfin les intuitions de l'humain et de l'ordinateur peuvent sembler cohérentes, mais celle de l'ordinateur c'est-à-dire l'apprentissage profond fonctionne tout de même encore de manière élémentaire. Cet apprentissage profond analyse aléatoirement des situations, et des opérations sur ces situations pour converger après des millions d'essais sur une structure d'opérateurs qui fonctionne à peu près. Dans le cas de l'humain, à cette logique de création aléatoire de réflexions qu'on appelle sous-structure d'opérateurs, s'ajoute une logique de recherche en mémoire de situations similaires qui lui permet d'orienter plus précisément ses recherches, et donc, grâce à un mode de raisonnement par analogie, de parcourir l'ensemble de ses possibilités plus rapidement, et plus exactement.

4.3. Une deuxième frontière entre traitement des données et intelligence artificielle

Une autre frontière délimite l'intelligence artificielle. En général on l'ignore, ou on veut l'ignorer : c'est celle qui la sépare d'avec le traitement « intelligent » des données, où grâce à certains outils et certains ordinateurs puissants, l'homme peut faire avancer ses connaissances et influer sur la société.

Cela est rendu possible grâce à l'existence d'énormes bases de données permettant, par des études statistiques extrêmement riches et précises, de découvrir ce que certaines d'entre elles signifient, et des faits ou concepts qui existent et dont on ne connaît pas encore l'existence, ou certains qui n'existent pas encore, mais qui vont exister.

Comme on l'a vu au début de cet ouvrage, l'existence d'une forme ou d'un concept est signalée par une probabilité particulière d'existence par rapport au chaos, et par une corrélation significative entre les valeurs de certains paramètres.

La méthode habituelle de l'analyse statistique des données est alors de créer « à la main » et de manière guidée par l'intuition humaine des variables intéressantes puis de mesurer, sur un ensemble de données d'apprentissage suffisamment grand, les corrélations mutuelles entre toutes ces variables deux par deux, ou plus. Ensuite l'humain peut décider de prendre les variables donnant les corrélations les plus grandes entre elles, en éliminant les autres, et en recréant des variables nouvelles à partir de celles-ci. Après quelques itérations, l'humain peut observer des corrélations statistiques fortes qui sont caractéristiques de formes qu'il aura encore à définir précisément, par ses connaissances et sa réflexion.

De tels exemples d'applications dites de *data mining* sont à trouver :

- dans les analyses de marché des sociétés commerciales pour trouver les paramètres explicatifs des évolutions des demandes des clients. Cela explique probablement le rachat de la société Epsilon filiale du groupe Alliance Data, spécialisée dans le marketing et les données, par le groupe Publicis, un leader dans la publicité ;
- dans les analyses de renseignement dans les médias sur sources ouvertes non classifiées (OSINT, pour « Open Source Intelligence ») pour la défense ;
- dans les études des opinions politiques ou sociologiques des populations avant des élections, afin d'orienter efficacement les actions préparatoires des candidats. Ce qui a été efficacement fait pour le candidat Trump aux États-Unis avant son élection ;
- dans la détection de nouveaux faits relatifs à la situation politique, sociale, diplomatique ou autre, qui sont suffisamment discrets pour ne pas être encore détectables par une lecture habituelle des médias, mais qui peuvent se révéler importants et montrer une

augmentation significative de craintes *a priori* de guerre, ou une évolution de certains paramètres annonciateurs de crises[22] ;

- dans les mesures techniques de caractéristiques de matériel technique, avec et sans pannes, pour prévoir leurs pannes à venir. Ces méthodes sont déjà utilisées pour améliorer les détections des possibilités et probabilités de pannes des moteurs d'avions civils.

C'est l'ensemble gigantesque des données, pouvant être apportées maintenant par des réseaux sociaux et les *big data*, qui permet les traitements statistiques nécessaires par ordinateur, excellents et simples, qui existent depuis très longtemps.

Ces traitements permettent la découverte par l'homme de nouvelles formes, de nouveaux concepts ou de faits possibles à venir, et préparent les décisions là encore humaines qui peuvent en découler.

C'est sur ces principes qu'est construit le groupe Palantir, fondé en 2004 à Palo Alto par Alex Karp et Peter Thiel (préalablement fondateur de Paypal), et qui fait travailler aujourd'hui plus de 2200 ingénieurs dans le monde. Palantir utilise ces méthodes pour lutter contre la fraude, la criminalité et le terrorisme. Mais aussi au bénéfice de sociétés commerciales comme des banques, des fabricants d'automobiles, d'avions, des sociétés pharmaceutiques, etc.

Grâce à ces méthodes, les clients de Palantir et des autres sociétés de ce type améliorent leurs performances de rapidité de décisions, et d'efficacité.

Il s'agit simplement de l'aide de l'ordinateur et de ses capacités de calcul de corrélation à l'utilisateur humain pour qu'il trouve lui-même, et non la machine qui ne décide pas ici, de nouveaux concepts dans les bases de données.

De plus c'est l'humain qui prépare au mieux les données pour que les calculs se fassent bien selon les buts qui lui sont imposés.

Ce n'est donc pas encore formellement de l'intelligence artificielle. La compréhension du fond et la décision restent toujours ici entièrement humaines.

Maintenant, le jour où ce que fait aujourd'hui l'humain dans ces applications sera automatisé, on disposera alors d'un système extraordinaire d'intelligence artificielle. Et on pourra commencer à s'inquiéter…

---

22. Un exemple typique non traité par ordinateur est montré par l'intuition d'Hélène Carrère d'Encausse, qui, observant pendant les années 1970 et 80 dans les médias soviétiques l'évolution de la mortalité de la population de l'URSS, puis l'arrêt brutal de la publication de ces statistiques, en a déduit l'arrivée d'un phénomène nouveau qui pouvait avoir de l'importance ultérieurement. C'était tout simplement la disparition de l'Union Soviétique.

5. L'ingénierie aujourd'hui des systèmes d'intelligence artificielle faible

Comment construire les systèmes d'intelligence artificielle ?

L'ingénierie actuelle de ces systèmes « intelligents » est fondée sur un grand nombre de recherches en traitement du signal, traitement d'images, reconnaissance des formes, théorie des jeux et recherche opérationnelle. Tout au long de ces recherches, la communauté scientifique a mis au point de nombreuses méthodes qui sont toujours celles qui sont utilisées maintenant : parcours d'arborescence, minimax, théorie des graphes, « *branch and bound* », prétraitement et traitement des images, et maintenant l'apprentissage profond.

Les sujets de recherche et de développement correspondants ont été étudiés souvent de manière extrêmement intense et profonde souvent depuis bien avant les ordinateurs. Par exemple l'étude des sons parlés, la sémantique, les images de satellites, toutes les applications de la recherche opérationnelle (emploi du temps, voyageur de commerce, plans de charge industriels, circuits tendus d'approvisionnement, gestion des sous-traitants…) ont nécessité des investissements tout à fait considérables par la recherche et l'industrie, dans tous les pays développés.

Pendant toutes ces années, les chercheurs et les ingénieurs ont simplement utilisé la méthodologie de la science pour avancer :

- Le principe même de la science est de faire des observations et des mesures multiples, ensuite de chercher à définir un modèle qui décrit formellement les phénomènes observés. Ce peut être un nouveau modèle ou une modification ou une adaptation d'un modèle antérieur. Ensuite, pour chaque idée de modèle, le chercheur le teste précisément afin de le valider. Lorsqu'il est validé, il a alors inventé un nouveau modèle ou une nouvelle théorie, jusqu'à ce qu'un autre chercheur quelques décennies plus tard la précise encore et crée une autre théorie plus exacte.
  Pour construire les systèmes d'intelligence artificielle, l'ingénieur essaie de construire au mieux un modèle le plus approchant du phénomène qu'il veut analyser et simuler. Il utilise alors la logique scientifique précédente
  Quand un ou des modèles préexistent et ont mis des années pour être validés et même certifiés officiellement, l'ingénieur les utilise. Lorsqu'ils ne suffisent pas dans certaines conditions, il entame en complément de ces modèles utilisés pour une partie un processus « d'essai et erreur » aidé ou non par l'ordinateur, qui peut aboutir

soit à créer un modèle complémentaire qu'il faudra valider, soit un système approximatif dont il évaluera les performances, soit un mélange des deux fonctionnant de manière cohérente. Si les performances ne sont pas au rendez-vous, la seule solution est de modifier les conditions d'utilisation du système créé, puis adapter de nouveau la recherche de solution à ces nouvelles conditions. Après une ou deux itérations l'ingénieur converge vers le couple conditions d'utilisation-solution dont les probabilités d'erreur et de mauvais fonctionnement sont satisfaisantes.

Si à l'intérieur de cette logique générale, nous focalisons sur la partie développement hors modèles déjà validés, ce qu'on peut appeler la partie intelligence artificielle, on peut décrire cette création « essai et erreur » de la manière suivante :

1. Bien définir le problème. Quels sont les buts du système, ses contraintes, les données d'entrée en termes de qualité, quantité, variabilité, permanence, les besoins particuliers des utilisateurs et leurs contraintes, même non conscientes.
2. Partir des modèles connus et validés qui peuvent être utilisés
3. Faire de très nombreuses expériences et mesures, incluant les mesures d'environnement dans toutes les configurations, sans en oublier. Le nombre des mesures doit être calculé en fonction de la probabilité d'avoir des mesures et des situations exceptionnelles, mais dont on est obligé de tenir compte.
   Si dans certains cas comme l'aéronautique la probabilité d'avoir un accident est d'un à deux sur un milliard d'heures de vols, il faut faire bien plus qu'une centaine de millions de vols d'essais significatifs et représentatifs. On voit que cela peut limiter considérablement dans certains cas les possibilités de faire l'étude d'un système réaliste.
4. Partager les données en ensemble d'apprentissage (pour construire le système) et en ensemble de test (pour le tester, une fois construit)
5. Construire le système comme un programme normal, en utilisant au maximum les modèles connus et validés, en définissant bien les conditions d'emploi validées de ces systèmes, et par soustraction définir précisément les conditions d'emploi du système ne correspondant pas à la validation des modèles.
6. Ensuite pour résoudre au mieux ces derniers cas d'emploi, lancer le processus de création IA, « essai et erreur », avec le bon sens et l'expérience comme outils principaux, et en utilisant au mieux toujours l'ensemble de toutes les données d'apprentissage.
7. Utiliser au mieux les méthodes d'intelligence artificielle ou de recherche opérationnelle existantes et adaptées
8. Dans les cas où les méthodes précédentes ne suffisent pas, utiliser l'apprentissage profond avec les données d'apprentissage.

9. Enfin, lorsque l'ensemble de l'algorithme utilisant les modèles avec l'ajout intelligence artificielle est adapté aux données d'apprentissage, le tester sur les données de test
10. Si le résultat n'est pas satisfaisant sur les données de test, recommencer à partir du cinquième alinéa.

Avec cette méthode, il est bien évidemment possible de découvrir de nouveaux modèles ou schémas qui fonctionnent avec une certaine probabilité, en complémentant par ailleurs les modèles initiaux qui auront été utilisés. C'est strictement le processus de la science dont nous avons parlé précédemment.

Si ces performances sont suffisantes, on aura trouvé le bon modèle dans le cas précis. Si ces performances sont excellentes et que de nombreux tests supplémentaires dans des conditions formellement définies montrent un modèle parfait dans ces conditions, on pourra alors valider le modèle et l'utiliser dans des programmations ultérieures, sans passer par la méthode intelligence artificielle qui aura dans ce cas-là réussi. Comme pour la science, mais à un niveau plus élémentaire, on aura inventé une nouvelle théorie, un nouveau modèle, qu'on utilisera ensuite jusqu'à ce qu'on le modifie ou le précise. Dans le cas inverse, on se contente de solutions approximatives, mais qui peuvent être suffisantes pour les utilisations possibles.

Cette approche scientifique est l'approche humaine, ou plus exactement l'approche commune à l'humain en tant que tel et à la société humaine. Et maintenant à l'intelligence artificielle.

À son époque vers 1670, et selon la légende, le professeur Isaac Newton a vu tomber une pomme dans son jardin. Il a estimé que cela sortait de l'ordinaire, du moins de celui qu'il imaginait, et qu'il lui fallait trouver une explication.

Il a alors cherché une fonction qui pouvait expliquer le phénomène, et au bout d'un certain nombre de mesures et de réflexions, il a découvert que la force d'attraction entre deux corps était proportionnelle à leurs masses et inversement au carré de leur distance. C'est devenu une loi, la loi de la gravitation, puisqu'on l'a vérifiée ultérieurement dans tous les cas.

Malheureusement pour cette loi, et heureusement pour nous, un intrus appelé Albert Einstein, quelques siècles après, a constaté que dans d'autres conditions cette fonction n'était pas tout à fait exacte et a ajouté à la formule un coefficient impliquant la vitesse de la lumière.

Ce processus est exactement le même que celui qu'implique la recherche du meilleur système qui détecte et reconnaît une nouvelle forme, ou un nouveau concept.

Cette idée qui paraît saine et évidente, et qui explique la possibilité des humains et des machines d'inventer de nouvelles idées et de nouvelles théories, n'est aujourd'hui employée que par les chercheurs eux-mêmes qui créent les systèmes intelligents. Ils n'ont pas utilisé l'ordinateur lui-même pour effectuer ce processus de création. Sauf justement dans le cas de l'apprentissage profond, mais qui n'utilise à présent encore que des opérateurs élémentaires qu'il recherche aléatoirement et sélectionne par leur efficacité. Il n'y a pas encore ce que fait l'humain quand il recherche le bon système intelligent qui marche en utilisant des opérateurs complexes et *a priori* plus adaptés en probabilité par des réflexions intelligentes. C'est cela qui fait l'objet des recherches actuelles en intelligence artificielle visant à la future intelligence artificielle forte qui sera utilisée dans quelques décennies, et qui fera fonctionner beaucoup plus efficacement la « boucle d'invention-création » dont nous avons parlé.

Et c'est l'idée de base du système CAIA (Chercheur Artificiel en Intelligence Artificielle) de Jacques Pitrat (voir le paragraphe 2.2 du chapitre 3 précédent pour plus de détails sur ce système), qui utilise de manière récursive des opérateurs à base d'intelligence artificielle eux-mêmes pour créer de nouveaux opérateurs d'intelligence artificielle, y compris pour améliorer les précédents. CAIA a fonctionné dans un certain nombre de cas, principalement dans le cadre de la résolution de problèmes, mais la question est évidemment complexe, et il faudra encore de très nombreuses réflexions et expérimentations pour obtenir une version utilisant ces idées vraiment utilisables opérationnellement.

6. Les qualités et défauts purement techniques de l'intelligence artificielle actuelle

6.1. Qualités

À force de réflexions qui peuvent durer de nombreuses années, comme pour la reconnaissance des empreintes digitales, de l'écriture manuscrite et de la parole, on est arrivé à construire des systèmes qui traitent des données pour les reconnaître, non pas nécessairement de manière formelle et mathématique, mais avec des probabilités très suffisantes pour un grand nombre d'applications.

Ces réflexions sont maintenant complétées par l'apprentissage profond qui peut améliorer encore les probabilités de bonne reconnaissance, en jouant un rôle « d'intuition » complémentaire. Nous désignons d'ailleurs souvent l'apprentissage profond par l'expression « intuition artificielle », ce qui correspond tout à fait à sa nature et à ses caractéristiques.

6.2. Défauts existant encore

Pas d'apprentissage efficace pour que l'ordinateur construise de manière générale les représentations et définitions rigoureuses des formes et des concepts aussi bien (ou aussi mal…) que l'humain.

Les choix des chemins de bonnes décisions ne sont pas construits non plus de manière générale par apprentissage élaboré, sauf dans des cas particuliers où nous avons montré l'utilisation de l'apprentissage profond.

Les choix de ces chemins ne correspondent pas encore de manière suffisamment efficace à la gestion de la mémoire de l'ordinateur.

6.3. Défauts qui existeront toujours

Comme le montrent les définitions précédentes des derniers paragraphes, les systèmes utilisant l'intelligence artificielle l'utilisent à défaut parce qu'il n'y a pas de modèles rigoureux qui montrent la solution à trouver et la programmation à employer, et qu'il ne s'agit toujours que d'approximation pour que le résultat de leur fonctionnement ait une précision suffisante pour l'utilisation prévue. Donc avec toujours un taux d'erreur non nul.

Ce fait sera toujours présent, même pour l'intelligence artificielle forte, dans de nombreuses décennies. C'est d'ailleurs aussi dans la nature de l'intelligence naturelle, notre « intelligence physicochimique ».

7. Qualification et certification des systèmes utilisant l'intelligence artificielle

Trouver et construire un système qui a toutes les chances d'avoir toujours un taux d'erreur non nul, peut poser et pose des problèmes aux concepteurs de systèmes, comme les avions, les systèmes d'armes, les voitures autonomes… Rappelons que la probabilité d'une panne d'avion significative est d'une chance sur un milliard par heure de vol, ce qui est encore non atteignable par l'intelligence artificielle.

De plus, le processus « apprentissage profond » actuel, par ailleurs souvent assez efficace, ne donne aucune indication sur la manière dont le système créé fonctionne et reconnaît ou détecte ce qu'on lui a demandé.

Les ingénieurs et les organismes responsables de la création et l'exploitation de grands systèmes complexes voudraient concrètement voir se préciser les conditions dans lesquelles on peut et on doit utiliser les méthodes de développement des systèmes d'intelligence artificielle, et comment ceux-ci peuvent se faire accepter par les pouvoirs publics.
D'où le besoin particulièrement crucial de méthodes rigoureuses de qualification et de certification de ces systèmes par les administrations.

Passons en revue les positions actuelles des guides et règlements correspondants :

- Ministre de la défense française :
  Selon la Ministre française des armées Florence Parly, le 10 mai 2021, « La France dit et dira toujours non aux robots tueurs. La France refuse de confier la décision de vie ou de mort à une machine qui agirait de façon pleinement autonome et échapperait à tout contrôle humain (...) c'est à l'initiative de la France que la question des "SALA" (Systèmes d'Armes Létaux Autonomes) a été introduite aux Nations Unies (...) à Genève ». Signalons aussi que cette décision française est cohérente avec les traités internationaux successifs sur la guerre qui interdisent depuis des décennies l'utilisation d'armes tueuses, si elle comporte des aléas non contrôlés par des humains.

- Le Comité d'éthique de la défense française :
  Il a remis le 30 avril 2021 son avis sur l'intégration de l'autonomie dans les systèmes d'armes létaux. Il identifie 6 principes directeurs et propose 25 recommandations. Y sont distingués :
  1. Les systèmes d'armes létaux autonomes (SALA) qui peuvent, seuls, faire évoluer leurs règles de fonctionnement, échapper au contrôle humain et redéfinir seuls leur mission.
  2. Les systèmes d'armes létaux intégrant de l'autonomie (SALIA). Ce sont des SALA, mais restant sous contrôle humain pour toute initiative létale.

  De manière schématique, les SALA sont interdits, les SALIA autorisés dans les conditions qui conviennent.

- Défense française-Direction générale de l'armement :
  Le « Guide de recommandations pour la spécification et la qualification de systèmes intégrant de l'intelligence artificielle » version 2 du 30 octobre 2020, a été présenté officiellement par la DGA aux industriels et laboratoires le 18 janvier 2021.
  Il s'appuyait sur le « Document exploratoire pour la mise en place d'une feuille de route ministérielle IA » du 18 octobre 2018 et le « Document de stratégie en matière d'intelligence artificielle » du 30 juillet 2019.

En résumé ce guide demande une rigueur la plus grande possible dans les développements :

1. Bien définir ce que le système doit faire, dans quelles limites, dans quel contexte, et disposer de données particulièrement bien choisies pour représenter les différents cas envisagés.
2. Tenir compte particulièrement des gravités respectives des situations et des décisions, en particulier dans les modulations d'importance de ces données.
3. Disposer de plusieurs jeux de données : pour le maître d'œuvre un jeu d'entraînement, un jeu de validation et un jeu de test ; pour le client un jeu de qualification. En prévoyant une concertation au niveau des expériences de test et de qualification.
4. La qualification doit utiliser, en plus des tests sur données, des avis d'experts en IA, sur les facteurs humains et sur le sujet traité par le système en développement, avec comme but le maximum possible d'interprétabilité, de confiance et de garanties.
5. En conclusion, le document reconnaît que les « garanties restent assez limitées et ne vont pas jusqu'à garantir l'exactitude des traitements dans le cas général [23] ».

- Aviation civile européenne.
  L'Agence européenne de sécurité aérienne (AESA) a sorti récemment deux documents :

  -D'abord une feuille de route générale le 7 février 2020 : l'« Artificial Intelligence Roadmap ».
  Ce document montre une logique et un calendrier de publication annuel ou bisannuel de guides pour les différents niveaux d'intelligence artificielle, incluant une plus grande collaboration humain-machine en 2022, une certaine autonomie en 2024, la « single pilot operation » à partir de 2030 et le pilotage autonome après 2035.
  Cela montrait alors un certain optimisme pour 2030, et un optimisme certain pour 2035.

  - Ensuite son premier guide le 20 décembre 2021: « First Usable Guidance for Level 1 Machine Learning Application ».

---

23. Nous tenons à souligner la qualité de ce document de la DGA, qui à notre avis décrit très précisément les démarches et méthodologies qu'il faut suivre pour bien définir l'environnement du système à construire, les besoins à satisfaire, les exigences à respecter, qu'elles soient conscientes ou inconscientes, comment faire pour créer le système, le valider, le tester et le qualifier, et ce à chaque niveau, chez le maitre d'œuvre, l'acheteur et l'utilisateur.

Ce guide précise maintenant certains points de la feuille de route précédente dont trois niveaux d'intelligence artificielle :

-Niveau 1 : assistance et augmentation humaine
-Niveau 2 : collaboration humain/machine
-Niveau 3 : machine plus autonome

Avec un calendrier montrant la sortie d'un guide finalisé pour les niveaux 1 et 2 en 2026. Le niveau 3 suivra une logique adaptée aux définitions successives de l'autonomie à partir de 2028.

Il partage les réflexions sur l'intelligence artificielle de niveau 1 en garanties sur l'apprentissage, sur l'explicabilité et sur la réduction du risque de sécurité.
Ces garanties sont ensuite déclinées en objectifs avec leurs critères de conformité.

Les critères éthiques ne sont pas oubliés, de même les correspondances avec les critères provenant de la liste générale de sécurité des systèmes IA de l'Union Européenne.
Les garanties, les objectifs et les critères sont tous précisément décrits, donnant lieu à la fin à une liste préliminaire de spécifications des moyens de contrôle nécessaires[24].

- Union Européenne (Parlement et Conseil) :
  Le document officiel « Artificial Intelligence Act », publié le 21 avril 2021, se limite aux critères politiques au minimum nécessaires pour gérer les risques de l'IA sans gêner l'innovation.
  -Que les systèmes avec intelligence artificielle mis sur le marché en Europe soient sûrs et respectent les valeurs de l'Union et les droits des citoyens
  -Qu'ils garantissent la sécurité juridique pour faciliter l'investissement et l'innovation dans l'intelligence artificielle
  -Qu'ils facilitent le développement d'un marché unique pour les applications d'intelligence artificielle dignes de confiance.

  Trois niveaux de risques ont été distingués :
  -Risque inacceptable (systèmes bannis : comme le risque de manipuler les personnes)
  -Risque élevé (autorisés avec conditions-preuves de conformités)
  -Risque faible ou moyen (code de conduite à rédiger par les acteurs)

---

24. Même si ce document ne fait que préparer le guide final pour l'intelligence artificielle de niveau 1 (avec le niveau 2), il est extrêmement complet, rigoureux et précis, ce que mérite l'aéronautique civile qui demande une sécurité et une sûreté maximale.

La gouvernance de l'ensemble sera supervisée au niveau UE par le « European Artificial Intelligence Board » et dans chaque pays par une organisation nationale. En France il pourra s'agir de la CNIL. Le texte s'intégrera aux autres plus généraux sur les datas, en préparation comme le Digital Service Act et le Data Governance Act européens.

Derrière tous ces textes très précis et rigoureux apparaît une idée de fond qui est la suivante :

1- Un système utilisant l'IA peut et doit être décomposé en blocs rationnels fondés sur des modèles validés de longue date, et en blocs IA, non rationnels.
2- Les blocs rationnels doivent être validés et certifiés de manière classique
3- Les blocs d'IA non qualifiables formellement doivent être évaluées par des probabilités de succès dans des conditions rigoureusement précises
4- L'organisation générale doit être qualifiée en tant que telle
5- Enfin l'ensemble peut être évalué, mais non qualifié en calculant sa probabilité de bon fonctionnement, dans les conditions précises et rigoureuses définies par l'ensemble maximal commun des conditions de mesures de l'ensemble des blocs IA.

En conclusion, on peut observer que toutes les administrations dont nous avons analysé les documents, les ont sortis à peu près à la même époque : quelques années seulement après que les médias ont eu fait des descriptions dithyrambiques sur la nouveauté, l'efficacité et le futur de l'intelligence artificielle. Pourtant l'intelligence artificielle existe et est appliquée depuis des décennies.

Le déclencheur brutal de cette mode médiatique a été sans doute l'apprentissage profond que nous appelons apprentissage de l'intuition, inventé dans les années 90. C'est cet apprentissage profond qui, à côté de son succès et ayant construit des systèmes qui fonctionnent avec un certain taux d'erreur sans qu'on sache comment ils fonctionnent, est devenu à cause de cela la raison principale de ce besoin de contrôle des risques qu'ils peuvent amener, et de la qualité et de la sûreté de leur fonctionnement.

Si on comprend bien la signification de fond des guides analysés, dont les auteurs, tous expérimentés, ont fait un excellent travail, on peut déjà prévoir qu'il faudra de multiples années ou décennies avant qu'on n'utilise l'apprentissage profond avec un contrôle strict et sans failles pour les systèmes sensibles mettant en jeu des vies humaines.

8. Des exemples typiques de l'intelligence artificielle actuelle

Après ces idées très théoriques, donnons quelques exemples de systèmes complets d'intelligence artificielle, qui utilisent de manière symbiotique les méthodes de reconnaissance de forme (voir et comprendre) et d'intelligence artificielle symbolique (décider et agir) selon le schéma précédent, mais seulement celui de la boucle de vie, et dans des domaines très restreints.

Ce sont ceux qui par ailleurs génèrent aujourd'hui un maximum de buzz dans les médias. Pour ce qui concerne les jeux, on pourra comparer ce qui est énoncé ici avec le paragraphe 3.2 du chapitre 2, en soulignant les différences de méthodes…

8.1. L'ordinateur joueur de go

La communauté scientifique a depuis le début considéré que ce jeu était de loin le plus difficile à programmer, bien plus que le jeu d'échecs. En effet, le parcours d'arborescence est considérablement plus important en nombre de possibilités par niveau d'analyse, et les fonctions d'évaluation de situation sont très complexes à construire.

Malgré cela, le progrès en cours de l'intelligence artificielle a permis de faire gagner un ordinateur contre le champion du monde de go, le 12 mars 2016. Ce jour-là, *AlphaGo* de *Deep Mind* a gagné contre Lee Sedol, champion du monde depuis 10 ans, à Séoul, par 4 victoires dans une série de 5 parties.

Il est tout à fait remarquable que ce soit *Deep Mind* de Google, qui a été construit *a priori* et avec succès autour de l'apprentissage profond pour la reconnaissance des formes, qui a eu maintenant de la même façon un énorme succès en intelligence artificielle symbolique.

L'apprentissage profond a permis de manière particulièrement efficace de créer les bonnes fonctions d'évaluation des situations et celles des branches à élaguer dans le parcours d'arbre. Ce sont des systèmes de reconnaissance de forme : une situation sur le damier et les choix possibles sont décrits par des assemblages de formes élémentaires, c'est-à-dire des formes décrivant une bonne situation où l'arbre de possibilités calculé par la machine est bon.

Et dans les deux cas et pour les mêmes raisons, la méthode d'apprentissage profond construite pour reconnaître des formes donne de bons résultats.

8.2. L'ordinateur apprenant seul à jouer aux échecs et à d'autres jeux

Avant même la victoire d'*AlphaGo* de mars 2016 contre le champion du monde Lee Sedol, Matthew Lai de l'Imperial College de Londres a réussi avec sa machine *Giraffe* à lui faire apprendre seule à jouer aux échecs[25].

Il s'agissait d'améliorer par l'apprentissage profond la qualité des fonctions d'évaluation des situations de jeu, dans le jeu d'échecs.

Comme dit l'article du MIT, *Deep Blue* qui a vaincu Kasparov analysait de l'ordre de 200 millions de positions par secondes, alors que Kasparov ne pouvait pas en analyser plus que 5 par seconde. Cet écart significatif montre une différence considérable dans la qualité de leurs respectives fonctions d'évaluation des situations. Malgré cette victoire de *Deep Blue*, il y avait donc encore beaucoup de progrès à faire dans la création de ces fonctions, pour améliorer encore l'intelligence de ces machines.

Cette fois-ci, Matthew Lai, a décidé de construire un système d'apprentissage fondé sur l'expérience que se donnerait la machine en jouant seule contre elle-même et d'en déduire sans professeur les meilleures fonctions.

À partir d'une base de données de 5 millions de positions choisies aléatoirement dans une base de données réelles, il en a créé 175 millions par création aléatoire d'autres mouvements autorisés autour de chaque position. Il a ensuite fait jouer l'ordinateur contre lui-même, et construire peu à peu par apprentissage profond ses bonnes fonctions d'évaluation des situations. Il a testé ensuite les fonctions créées, dans une autre base de données de 15 000 positions, et a comparé leurs décisions avec celles des meilleurs ordinateurs joueurs d'échecs.

Les fonctions d'évaluation créées étaient aussi bien celles permettant d'évaluer une situation après une analyse à plusieurs coups d'avance, que celles permettant d'éliminer des branches dans le parcours d'arbre à effectuer. Il a constaté que Giraffe, après un apprentissage fait en 72 heures à partir de zéro, jouait aussi bien que les machines de référence de niveau FIDE Maître International, alors que celles-ci avaient été programmées pendant de nombreuses années et pour beaucoup en utilisant l'expérience et les logiques de Grands Maîtres humains.

On n'est plus dans le cas où l'ordinateur apprend en jouant contre des humains, mais maintenant tout seul contre lui-même !

Après ces expériences, Deep Mind a utilisé AlphaGo en le modifiant dans ce sens. Cette autre version s'est entraînée également simplement contre elle-même sur des milliers de parties, en apprenant seule à partir de ses propres erreurs et progressant au fil du temps.

---

25. Il a présenté son expérience le 4 septembre 2015 à arXiv le service de publication électronique de Cornell University, ce qui a donné lieu à un article le 14 septembre suivant dans la MIT Technology Review (arxiv.org/abs/1509.01549).

Plus récemment, un groupe de chercheurs, Silver et al. (2016, 2018) a réalisé et testé un programme, l'*AlphaZero*, apprenant de la même manière, mais cette fois-ci apprenant et jouant indifféremment aux échecs occidentaux, au shogi (les échecs japonais), et au go.

Il a battu les meilleurs ordinateurs champions actuels de chacun de ces jeux, *Stockfish* (échecs), *Elmo* (shogi) et *AlphaGo Zero* (go).

Dans l'éditorial de ce numéro de Science qui l'a publié en novembre 2018, Garry Kasparov, le premier champion du monde humain d'échecs ayant perdu contre une machine explique que puisque maintenant les vrais champions sont les machines, il ne sert plus à rien d'opposer humain et machine, mais que « ce serait mieux s'ils étaient du même côté » pour « combiner leurs forces » et mieux comprendre l'intelligence.

L'autonomie des machines est donc à mettre en balance avec le contrôle que l'on veut conserver sur elles… Si ne pas garder le contrôle d'une machine dans un contexte comme le jeu de Go n'est finalement pas très important, ces évolutions prouvent l'importance d'aborder à temps les questions éthiques et de gouvernance qui découlent de ces succès.

8.3. La conduite automobile autonome

Depuis quelques mois, les médias montrent les investissements faits par les constructeurs automobiles et soulignent une continuité totale entre :

- Les aides à la conduite qui fonctionnent actuellement (limite automatique de vitesse, mode croisière, radar réglant la vitesse par l'accélérateur et même le frein en fonction de ce qu'il observe, système de suivi des marquages au sol…) ;
- Les recherches chez Google et les constructeurs, sur les surplus d'autonomie qu'on peut donner à la voiture ;
- L'avenir où le conducteur donnera les consignes à sa voiture d'aller d'un point à un autre, et ensuite dormira, ou lira le journal pendant que sa voiture gérera le trajet toute seule.

Certains journaux donnent même les dates où ce dernier avenir arrivera, et se trompent complètement ! Carlos Ghosn en 2005 alors PDG de Renault et de Nissan, avait dit alors : « cela est pour 2020 ». «Mais bien sûr tout dépendra des nouvelles réglementations »[26]. L'optimisme est souvent de rigueur dans le marketing !

Cette possibilité, avancée couramment, sera discutée plus loin dans le paragraphe « risques et problèmes ». Ne nous réjouissons pas trop tôt : il y aura encore beaucoup de barrières à franchir. Des barrières difficiles, mais on en passera beaucoup à certains moments.

26. Le Point -18 Février 2016, p.101

Au plan technique, nous nous retrouvons dans une application de l'intelligence artificielle cumulant et mélangeant la reconnaissance des formes et les décisions complexes, en les mélangeant et les intégrant de manière permanente :

- La création du meilleur trajet (GPS) pour atteindre le but fixé par le conducteur, et son recalage périodique ;
- Dès que le véhicule se prépare à partir, l'observation et la compréhension de son environnement fixe, et sa remise à jour en permanence pendant le trajet ;
- À tout moment, la détection et la reconnaissance de tous les objets et êtres vivants en mouvement ou fixes pouvant se déplacer ;
- À tout moment, la prévision à court terme des mouvements du véhicule et des objets en mouvement ou déplaçables, avec les enveloppes possibles de leurs mouvements ;
- La construction de la meilleure trajectoire et des commandes optimales du volant, de l'accélérateur et du frein, pour suivre le trajet.

Chaque problématique est complexe, sujette à de nombreux aléas, et ne pouvant être résolues pour la plupart par un algorithme rigoureux classique. Chacune se décompose aussi en de multiples opérations entremêlées d'*observation - compréhension* et de *décision-action*, ce qui est maintenant caractéristique de l'intelligence artificielle actuelle, qui reste toujours un ensemble limité à de nombreuses « boucles de vie » au sens précédent, même s'il est très complexe.

Une excellente description de l'état de l'art actuel de cette technologie est parfaitement présentée par Patrick Pelata de Meta Strategy Consulting dans le n° 765 de mai 2021 de La Jaune et la Rouge.

Citons un paragraphe important : « La Société internationale des ingénieurs de l'automobile a donné une définition claire des différents niveaux d'automation » (niveau 1 : assistance du conducteur par le système ; niveau 2 : automation partielle ; niveau 3 : automation sous condition, le conducteur doit reprendre la main ; niveau 4 : automation de haut niveau, mais limitée ; niveau 5 : automation complète).

Et plus loin : « Les véhicules autonomes d'aujourd'hui et pour longtemps encore, sont de niveau 4 : sur une zone et des conditions données, donc pour un domaine opérationnel limité (Operational Design Domain, ODD) le véhicule peut rouler sans chauffeur, ce qui suppose bien sûr qu'il conduira beaucoup mieux qu'un conducteur humain, et ce quelle que soit la situation de conduite dans laquelle il se trouve. Le niveau 5 est une utopie à ce jour. »

Les recherches, tests et évaluations sont actuellement considérables surtout aux États-Unis et chez le leader Waymo, filiale de Google. Quelques centaines des véhicules de cette société ont parcouru 100 000 km en 2019-2020 en niveau 4 d'automation, et 6 millions en niveau 3. La dernière génération de tels véhicules comporte 27 caméras, 5 lidars et 6 radars. Avec bien sûr un système extrêmement complexe de fusion de données et de prévision, se perfectionnant en permanence par apprentissage lors de ces essais.

Si plus généralement on écoute les experts, et non les marketeurs, le niveau 5 sera impossible avant de très nombreuses décennies, le niveau 4 possible dans longtemps, mais avec des aides au sol, quant au niveau 3 c'est celui visé en fait actuellement par Peugeot-Citroen.

Quant à la société Tesla (!) qui a montré dans ses expérimentations 25 accidents et 10 morts, elle reste toujours dans le niveau 2 ou 3 de cette classification.

Citons toujours Patrick Pelata : « Sur les 2,3 millions de kilomètres parcourus en Californie en 2019, les chauffeurs de sécurité de Waymo ne sont intervenus que tous les 21 000 km en moyenne. Mais, lorsqu'on sait que l'occurrence moyenne d'un accident est de 1 par 1,1 million de kilomètres aux États-Unis, et celle d'un accident mortel impliquant deux véhicules, un piéton ou un cycliste de 1 par 260 millions de kilomètres, on comprend bien que les roulages ne suffiront jamais à valider un tel système. Et c'est pourquoi cet apprentissage se fait aussi par simulation (…). En janvier 2020, Waymo annonçait en avoir fait l'équivalent de 24 milliards de kilomètres et en faire pour 2 millions chaque jour. (…) C'est leur démarche et donc leur responsabilité qui est engagée. Mais quid des autorités qui devront les autoriser en beaucoup plus grand nombre qu'aujourd'hui et sur de nouveaux terrains ? »

Comment homologuer et certifier ce type de système qui utilise l'intelligence artificielle dans ce qu'on peut appeler des boîtes noires ? Des programmes existent qui s'y attaquent comme le programme *Explanable Artificial intelligence* de la DARPA, le Grand Défi français *Sécuriser, certifier et fiabiliser les systèmes fondés sur l'intelligence artificielle*, ou le document *Guide de recommandations pour la spécification et la qualification de systèmes intégrant de l'intelligence artificielle* de la Direction Générale de l'Armement du Ministère français des armées.

On peut observer que dans aucun des cas utilisant de l'intelligence artificielle on puisse mesurer et valider des probabilités de 100 % de bon fonctionnement.

Cela rejoint notre thèse qu'aujourd'hui et pendant encore longtemps « l'intelligence artificielle » actuelle est plus de « l'intuition artificielle » que vraiment de l'intelligence. Mais qu'inversement l'intelligence globale, naturelle ou artificielle, a et aura toujours besoin de l'intuition pour fonctionner correctement.

8.4. Les « robots humanoïdes »

Quand nous imaginions des robots, il y a de nombreuses années, nous pensions évidemment à des formes presque humaines, avec des bras, des jambes, des yeux et des oreilles. Et même quelquefois des nez et des bouches, alors que nos robots ne respirent ni ne mangent, et qu'ils se nourrissent plutôt d'électricité !

Nous les voyons maintenant arriver ! Et ils vont être utiles.

Le robot humanoïde peut jouer un rôle d'accompagnant pour les personnes âgées ou atteintes de certains troubles, et d'appui à l'éducation ludique de certains enfants. C'est une excellente application de l'intelligence artificielle.

Néanmoins, aujourd'hui son intelligence reste encore très limitée. Ce qui est techniquement avancé dans ces machines est la manière de se mouvoir : marcher, s'asseoir, monter un escalier, se relever, plus que la manière de voir et de comprendre ce qui les entoure, qui est sans doute encore insuffisante par rapport à ce qui peut leur être demandé par leurs utilisateurs et le marché.

Cette intelligence devrait garder certaines limites, tant que le système centralisé en *cloud* auquel elle est reliée n'aura pas une intelligence réellement bien supérieure. Elle devrait continuer à se développer considérablement au fur et à mesure des années, grâce aux recherches de Google, FaceBook, Apple ou d'autres, liées à leurs progrès prévisibles dans la gestion de leurs grands systèmes, au centre de leurs activités. Ensuite, dans un nombre significatif de décennies, lorsque les ordinateurs auront continué leur progrès de la même manière qu'ils le font depuis leur début, et lorsque les recherches en intelligence artificielle auront progressé, on pourra alors imaginer des robots intelligents de manière autonome, sans nécessairement de liens avec ces centres extérieurs.

8.5. Les robots militaires

Ce qu'on appelle souvent et abusivement robots militaires, ce sont en général aujourd'hui des drones volants ou des drones terrestres ou sous-marins, qui ne sont que des dispositifs télécommandés et non autonomes :

- Les drones aériens : il en existe de toutes sortes, depuis des microscopiques de la taille d'insectes volants, mais qui sont encore au stade de prototypes, jusqu'à des « HALE » (Haute Altitude Longue Endurance) comme le Global Hawk américain d'environ 150 millions de dollars pièce, avec les caractéristiques techniques qui correspondent : 7 tonnes, 35 mètres d'envergure, volant à 50 000 pieds d'altitude pour effectuer pendant toute une journée des opérations d'observation et d'écoute sur des zones situées à quelques milliers de km de la base de contrôle.

Certains drones aériens un peu moins grands, les « MALE » (Moyenne Altitude Longue Endurance) peuvent être armés de missiles ou de bombes.
Mais dans tous les cas, ces objets sont télécommandés par des humains qui voient en temps réel et précisément ce qu'observe le drone et, s'il s'agit d'ordonner un bombardement, qui suivent une procédure claire faisant intervenir leur hiérarchie avec des conditions précises.

- Les drones sous-marins sont aussi télécommandés, et servent plutôt à des opérations de renseignement, de réparation et de récupération. Dans les cas rares où ils servent à couler des bâtiments, en général une simple torpille classique peut aussi effectuer ce travail, mais sans doute moins précisément.

Toute décision est télécommandée pour chacun de ces drones : l'intelligence n'est pas artificielle, elle est humaine.

Nous avons décrit partiellement au CHAPITRE 1 certaines fonctions de certains missiles de croisière. Dans le cas du missile européen SCALP-EG/Storm Shadow, il peut aussi prendre seul certaines décisions : s'il détecte un problème, qui peut être technique et interne, ou externe et correspondre au fait qu'il ne détecte plus sa cible par exemple déjà bombardée, il décide alors de se crasher en évitant les zones sensibles comme les écoles ou les hôpitaux. C'est déjà une décision autonome, elle reste technique et légalement acceptable.

En revanche, la sentinelle SGR-A1 de l'armée sud-coréenne a les capacités de détecter un humain à portée de tir et de déclencher le tir de manière automatique. On est là dans un cas particulièrement dangereux et dépassant les limites de la légalité internationale.

Les aspects juridiques sont pourtant très clairs :

- Au départ, contrairement à ce qu'on peut lire dans une certaine presse, le robot n'est jamais évidemment responsable légalement de quoi que ce soit. Le seul responsable légal, comme clairement défini dans les textes du droit international de la guerre, est la personne humaine qui, la dernière, a actionné le dispositif qui a entraîné la conséquence condamnable. Un peu comme celui dont le doigt a actionné ce qu'on appelle communément la gâchette d'un fusil, qui a entraîné un percuteur, qui a amorcé la cartouche, qui a mis le feu à la poudre, qui a lancé la balle, qui a tué la personne visée. Le responsable n'est pas le percuteur, ni la cartouche ou la balle elle-même : c'est le possesseur du doigt qui a appuyé sur la queue de détente. Ici c'est le même processus juridique, simplement le dispositif est différent et contient plus d'informatique.

Le responsable a alors l'obligation de s'assurer que le programme du drone, quelle que soit sa complexité, répondra aux règles légales.
Bien sûr si cette personne a reçu des ordres d'une certaine hiérarchie, le juge estimera au mieux le degré de responsabilité qui existe tout au long de cette hiérarchie.

- Ensuite, comme il s'agit d'une action de guerre, le droit de la guerre s'applique. Les règles sont bien établies au plan international, même s'il reste encore certains vides juridiques concernant le terrorisme. Elles ont été établies principalement lors de la conférence de La Haye en 1899, et ont été adaptées successivement lors de plusieurs conventions à Genève. Elles sont nombreuses, mais les deux règles principales restent qu'on ne doit tuer que des soldats et non des civils, et que les violences sont limitées à ce qui est nécessaire aux objectifs stricts que l'État belligérant s'est fixé.
  Il n'est pas possible aujourd'hui et pendant encore très longtemps de disposer d'algorithmes suffisamment intelligents qui comprennent seuls ce que le robot observe et avec une probabilité suffisante pour prendre de bonnes décisions en ce qui concerne la vie et la mort. En conséquence, leur utilisation n'est pas légale selon le droit de la guerre et s'il existe une organisation ou un pays qui les utilisent, ils opèrent en toute illégalité.
  Dans le cas du système SGR-A1 coréen qui est un système robotisé tueur, c'est à la hiérarchie militaire et politique coréenne de veiller à ce que ces règles soient respectées, sous peine de voir éventuellement le pays poursuivi devant le tribunal international. Mais peut-être qu'une jurisprudence coréenne a décidé que tout être humain se mouvant dans la zone démilitarisée serait par définition un ennemi effectuant une attaque.

  On retrouve ici parfaitement la position de la Ministre des Armées française dans son discours du 10 mai 2021, citée au paragraphe 7, sur la qualification et la certification des systèmes sensibles utilisant l'IA.

Terminons maintenant ce paragraphe par des remarques de bon sens sur des publications de certains juristes. Dans ces papiers, dont nous tairons les références, on explique qu'on pourrait donner au robot la responsabilité juridique de ses actes et des dommages qu'il aurait provoqués !

C'est comme si on poursuivait en justice mon fusil, parce qu'il a tiré sur mon voisin et l'a tué, alors que ce n'est pas moi qui l'ai tué : je n'ai fait qu'appuyer sur la queue de détente. De plus, comment punir et emprisonner un robot ou lui infliger une amende ? Cela dit, si on emprisonnait notre robot, cela punirait en fait son propriétaire ou son utilisateur. On reviendrait alors en partie à une normalité juridique.

Nous pouvons aussi comparer cette situation à celle de la fourmi. Il est largement admis dans la communauté scientifique que l'intelligence de la fourmi (même seule, en dehors de l'intelligence de sa fourmilière) peut être comparée selon les différentes formes d'intelligence à celle d'une (future) voiture autonome, qui correspond au programme en cours le plus complexe de tous. Nous voyons-nous poursuivre juridiquement une pauvre fourmi qui nous aura piqué ?

Certains soutiennent même avec sérieux qu'à partir du moment où les robots seraient ainsi responsables, à côté probablement des humains (concepteurs, fabricants, vendeurs, utilisateurs), il faudrait songer à les protéger, et donc penser à leurs droits. Rêve-t-on ? Cela pousse malheureusement à imaginer, même si toutes ces idées sont fausses (aujourd'hui…), que certaines personnes ont réellement envie que cela se passe ainsi. Et c'est bien ce qui est le plus inquiétant.

Accordons à ces auteurs le bénéfice du doute : ils pensent peut-être que nous sommes en train de vivre l'arrivée de l'intelligence artificielle forte, et même très forte ! Mais ils ne savent pas qu'on est extrêmement loin d'y arriver. À ce moment-là beaucoup de choses auront changé et considérablement ! Y compris sans doute la notion juridique de droits, et la base même des idées de ces auteurs.

8.6. Les systèmes de défense hors robots tueurs

Quelles que soient les nations disposant de forces militaires, elles peuvent utiliser l'intelligence artificielle, tout en satisfaisant le droit de la guerre, lorsqu'il s'agit d'aider les humains responsables à prendre leurs décisions, et aussi à contribuer avec d'autres systèmes automatiques à optimiser leur défense, lorsqu'il ne s'agit pas de tuer. Les nations impliquées dans leur défense investissent d'ailleurs depuis très longtemps dans ces domaines, pratiquement depuis le début des recherches générales en intelligence artificielle, soit dès les années 1950.

- On a vu l'application de la reconnaissance de formes géographiques aux missions des missiles de croisière. Les mêmes techniques sont appliquées aux avions de combat, lorsqu'ils pénètrent dans une zone à risque, pour leur faire automatiquement suivre le terrain à très basse altitude.
- L'analyse en temps réel des données d'observation permet d'anticiper et de détecter de nouvelles menaces, avec leur probabilité d'existence de nature et de positionnement. Elle peut se faire en perfectionnant les outils de renseignement, qu'ils soient tactiques ou stratégiques, avec des « intelligences » réparties à l'intérieur des systèmes, maintenant très complexes.
- Des dispositifs intelligents peuvent aussi être utilisés pour gérer les missions des missiles de croisière. En détectant ou prévoyant en

temps réel les natures et positionnements des radars adverses, les missiles de croisière ainsi équipés peuvent optimiser en chemin leur route à suivre pour les éviter. Les développements correspondants sont en cours chez les industriels fabriquant ces missiles.

- Les méthodes de recherche opérationnelle permettent d'optimiser les moyens nécessaires aux opérations ainsi que leur planification et leur conduite. Elles étaient utilisées déjà dans les armées depuis extrêmement longtemps. Et ce même avant l'invention des ordinateurs. Elles se développent bien sûr significativement, suivant la croissance des nouveaux moyens disponibles, en utilisant de nouvelles méthodes plus efficaces, autorisées par les nouvelles puissances des ordinateurs.
  Il s'agit alors d'aide à la décision, et non d'intelligence artificielle. Les responsabilités sont portées par des humains qui décident sur la base des données fournies, et des évaluations mesurées par les ordinateurs.

8.7. La recherche en mémoire

Nous avons vu précédemment l'importance de la recherche en mémoire dans le cas de la reconnaissance des empreintes digitales. De manière générale, c'est aussi le cas pour chaque problème de reconnaissance des formes ou d'intelligence artificielle.

L'inverse est aussi vrai : pour résoudre les problèmes de recherche en mémoire, surtout dans les cas des « *big data* », on a intérêt à utiliser les méthodes d'intelligence artificielle.

Contrairement aux méthodes de description et de reconnaissance des formes, les méthodes de recherche en mémoire, même si elles ont une importance considérable, ne donnent pas lieu en général à des recherches académiques particulières. Elles s'inscrivent plutôt dans les recherches générales en informatique, aujourd'hui beaucoup plus menées par les industriels, en particulier ceux qui gèrent de grandes masses de données comme Amazon, Microsoft, Google ou Alibaba et Baidu en Chine.

Ces industriels arrivent d'ailleurs à des performances extraordinaires : à partir de quelques mots, leur système va rechercher en quelques secondes les documents qui comportent les informations utiles à l'utilisateur, au milieu de milliards d'autres.

Le système Google peut être considéré comme un système de recherche de formes parmi des milliards. Cette recherche se fait à partir de certains mots caractéristiques, et des mesures statistiques mesurant des probabilités et des corrélations complexes, qui sont comme nous l'avons montré dans le début de cet ouvrage les caractéristiques de ce qu'on appelle des formes. Il utilise aussi des méthodes de parcours d'arborescence, qui orientent particulièrement bien les choix de recherche, avec des fonctions d'évaluations fondées sur ces mesures statistiques et utilisant largement des processus d'apprentissage.

En parallèle le fonctionnement du système Baidu, le « Google chinois », est tout à fait intéressant et même passionnant. Il opère sans doute de même sur la base de probabilités et de corrélations, mais aussi sur des descriptions structurées de formes et de concepts similaires aux patterns logiques du chapitre précédent. On rejoint là de plus en plus profondément la fusion de la reconnaissance de formes et de l'intelligence artificielle symbolique, en observant ainsi la construction d'une petite intelligence mondiale répartie.

Ces différentes approches semblent très liées à la différence des cultures entre l'occidentale et la chinoise, ce qui apparaît admirablement dans les deux modes d'écritures. La gestion des concepts par les Chinois se retrouve dans la structure de leur alphabet, et ils doivent s'en inspirer dans la gestion mémoire de ces concepts. Alors que l'alphabet occidental est beaucoup plus simple, et que la description correspondante des concepts, qu'on retrouve dans nos ordinateurs, est beaucoup moins directement formalisée.

Qui va être *in fine* le plus efficace des deux : le système Google de base ou le système Baidu ?

9. Les risques et les problèmes non techniques

Les risques amenés par ces systèmes « intelligents », mis à part les risques de mauvais fonctionnement technique, sont aussi des risques humains, sociétaux et juridiques apparaissant différemment selon leurs types d'utilisation.

9.1. Les risques de base des systèmes utilisant l'intelligence artificielle faible

- Dès le départ du développement de ces systèmes, les buts de ceux-ci doivent être particulièrement bien définis et précis. Ils doivent être complets, sans oubli. Même de petits buts apparemment moins importants que d'autres peuvent se révéler plus importants qu'on ne le croit. Nous sommes en effet presque toujours dans des cas où les situations et les environnements sont extrêmement complexes, et les buts de même. Sinon, nous n'utiliserions pas ces méthodes.
- Il faut déjà que le système ne se retrouve pas dans une situation bien souvent non prévue dans laquelle deux buts sont incompatibles ou même contradictoires.
  Souvenons-nous du roman et du film *2001, l'Odyssée de l'espace.* Le vaisseau spatial terrestre en mission vers Jupiter avec son cerveau électronique intelligent appelé HAL craque psychologiquement au milieu de sa mission, et tue tous les membres de l'expédition, sauf l'un d'eux qui sera le héros du film. Tout simplement, il a été construit avec comme but protéger l'équipage, mais, au cours de sa mission, il découvre par ailleurs que cette mission de voyage vers Jupiter est extrêmement dangereuse, que l'équipage a peu de chance de s'en sortir, et que c'est à lui qu'on demande d'amener l'équipage sur Jupiter. HAL n'arrive pas à sortir de cette contradiction et il craque psychologiquement. Il aurait fallu que le responsable de la définition de ces buts y passe plus de temps et prévoie une option à HAL dans ce cas, pour sortir de cette contradiction.
- Citons aussi, comme risque de mauvais fonctionnement, la représentativité des données d'apprentissage et de test, tenant compte par exemple de situations exceptionnelles, mais importantes, qui correspondraient soudain à un ensemble de données incompatibles avec le système créé. Le processus actuel de développement utilisant les données d'apprentissage et de test ne peut résoudre, par définition, les problèmes de ce type d'« inattendu ».
- L'exhaustivité, la qualité et le choix des paramètres en entrée du système doivent être soignés, et en inclure d'autres non techniques ainsi que les critères d'arrêt de son apprentissage (cf. Fig. 12, p. 55).
- Outre ces problèmes classiques dus aux principes même de l'intelligence artificielle actuelle faible, on doit tenir compte des problèmes de fond qu'ils entraînent au cas par cas du fait par exemple de leurs conséquences vitales, sociales ou juridiques.

L'intelligence artificielle forte de l'avenir lointain, qui aura très probablement des capacités au moins comparables à celles de l'humain, aura les mêmes défauts dans les cinq mêmes cas, et pour les cinq mêmes raisons. L'humain les a déjà !

9.2. Les problèmes particuliers aux voitures autonomes

• Les investissements dans la voiture autonome

Les investissements sont énormes. Presque tous les grands constructeurs automobiles comme Ford, Renault-Nissan-Mitsubishi, BMW, Mercedes, Peugeot, Volvo, Toyota, Baidu, Tesla, mais aussi des équipementiers ou sociétés de service comme Valeo, Uber, Intel, Google, investissent entre 300 M€ et 1000 M€ dans la voiture autonome, qui, on l'a vu, implique effectivement énormément de développements technologiques et d'essais.

• Les accidents de voiture autonomes

Depuis 2016, il y a eu deux accidents mortels pour les voitures Tesla : le premier le 2 juillet 2016, le deuxième le 20 mars 2018 avec une Tesla équipée par Uber. Et depuis, on compte dix autres accidents de Tesla qui ont blessé 17 personnes.

En incluant Tesla, la NHTSA (National Highway Traffic Safety Administration) a compté 31 accidents de voitures équipées de systèmes d'aide automatique à la conduite, même non complètement autonome. Parmi ceux-ci, 25 étaient équipés de systèmes Tesla et ont provoqué 10 morts. Tous les médias en parlent, sans opinion nette sur le sujet, sauf de dire « réfléchissons ». Les constructeurs se sont arrêtés temporairement.

Depuis le 16 août 2021 où elle l'a annoncé, la NHTSA a lancé une enquête préliminaire sur le produit Autopilot de Tesla, fondée sur la quasi-totalité des véhicules vendus depuis 2014.

Les gouvernements américains et français ont néanmoins décidé, en même temps, d'autoriser plus facilement les tests de voitures autonomes, car « certains cas d'accidents humains pourraient être évités par l'IA[27] ».

En comparaison, rien qu'en France on compte plus de 3000 tués par an sur les routes avec des voitures utilisant des conducteurs humains, et on en parle peu. Est-ce que la société accepte beaucoup plus que les morts soient de responsabilité humaine qu'on comprend, que de responsabilité informatique qu'on ne comprend pas ? Considérerions-nous les morts par conducteurs humains comme acceptables, et non ceux par les machines ?

---

27. Cf. https://www.autoplus.fr/actualite/voitures-autonomes-une-etude-montre-quelles-evitent-92-des-accidents-mortels-278800.html#item=1

• Les problèmes techniques particuliers

- Problèmes d'observation et de compréhension : le problème technique de la conduite autonome de votre voiture est presque exclusivement un problème d'observation, d'écoute, de compréhension des problèmes techniques du véhicule, mais surtout de la compréhension complète de la situation et de la description et de l'évaluation des décisions à prendre.
- Problèmes de météorologie : le brouillard et les éblouissements par le soleil ou d'autres sources lumineuses diminuent la fiabilité du système.
- Problème de la cartographie de l'environnement qui est nécessaire pour piloter l'observation des points d'intérêt pour la conduite : elle ne peut être exacte que dans des zones suffisamment bien définies ou « normales », et avec un certain balisage.
- Problème de détection des piétons ou d'autres « mobiles », lorsqu'ils n'apparaissent d'abord que partiellement avant de s'engager.
- Problème du passage risqué du mode automatique au mode manuel.
- Problème de la circulation dans des villes comme Paris, Bangkok, ou Saigon où la discipline des conducteurs humains est peut-être discutable.
- Problème de la circulation en ville lorsqu'il pleut, alors qu'avec des humains, cela provoque déjà des embouteillages.
- Diverses occurrences nouvelles auxquelles on ne pense pas *a priori* : par exemple des jeunes s'amusant avec des lasers.

• Problèmes humains pour le conducteur

Il s'agit ici d'un problème qu'on trouve déjà dans l'aviation civile : Depuis des décennies dans les avions civils, en particulier chez Airbus, les constructeurs ont ajouté de nombreuses fonctions automatiques, ou « d'aide au pilotage » qui permettent d'améliorer considérablement le confort du pilote.

Les compagnies ont réalisé relativement récemment qu'on avait peut-être été trop loin dans le confort du pilote. Il s'est avéré qu'à force de « piloter un ordinateur » les pilotes avaient beaucoup perdu dans leur manière de « sentir » physiquement l'avion.

Depuis ce constat, Air France et sans doute d'autres compagnies ont heureusement adapté leur logique d'entraînement de leurs commandants de bord.

Notre conducteur de voiture autonome aura certainement le même problème, et au fil du temps perdra probablement au moins un peu ses réflexes initiaux de bon conducteur.

• Enfin les problèmes humains, sociologiques, et légaux

Quand on voit le temps qu'il a fallu (quelques décennies) pour avoir des métros urbains sans conducteurs, alors que la technologie, celle des ascenseurs automatiques, existait, et qu'il n'y avait aucun danger, on peut estimer qu'il faudra plus de temps encore pour accepter de voir passer dans nos villes et routes des voitures sans chauffeurs.

L'acceptabilité de l'IA dans les voitures reste vraiment à construire. Dès à présent, alors qu'il n'y a encore que des essais, dans l'Arizona, en 2018, les voitures autonomes de Waymo, spin-off de Google, en test ont été vandalisées par la population, avec des menaces précises par des armes.

Le problème le plus important a été explicité dans un article paru le 24 juin 2016 dans la revue Science par Jean-François Bonnefon (École d'Économie de Toulouse), Azim Shariff (MIT-Media Lab) et Iyad Rahwan (Université de Californie, Irvine). Résumons l'article : imaginons une voiture autonome sur la route de corniche particulièrement vertigineuse entre Nice et Monte-Carlo, avec un conducteur ayant décidé de dormir, au milieu de sa famille. Scénario possible : des personnes traversent brutalement la route devant eux. Que fait l'intelligence de la voiture : écraser ces personnes et sauver la famille, ou les éviter et crasher le véhicule et la famille ? L'article est très éthique, mais s'avère peu crédible et non satisfaisant. En conclusion les auteurs reconnaissent qu'« il n'y a pas de moyen facile pour construire un algorithme qui concilie les valeurs morales et les intérêts personnels », et que « les opinions peuvent changer au fur et à mesure du temps » !

Si on continue le scénario précédent, l'acheteur de la voiture ne manquera pas avant son achat de demander au concessionnaire quelle serait la décision de l'algorithme dans le cas du scénario. Il semble probable que s'il lui répond qu'il sauvera les personnes qui traversent, le vendeur aura toutes les difficultés à vendre ! Tout cela sera connu des médias, et on aura alors un processus de blocage sociétal, qui s'arrêtera le jour où les voitures ne seront autorisées à être autonome qu'en certains endroits balisés et non risqués, avec des contrôleurs sol vérifiant sur les tronçons dangereux que tout se passe bien, comme les contrôleurs des métros automatiques qui contrôlent leur ligne complète d'un bureau fixe au sol[28].

De manière générale, la détermination des responsabilités en cas d'accident sera très difficile à déterminer : sera-ce le conducteur, le vendeur qui aura mal expliqué le comportement possible de la machine, le constructeur, le réalisateur du logiciel ?

---

28. Et pourtant il n'y a pas d'intelligence artificielle dans ces métros ni aucun risque de collision !

À supposer même qu'un conducteur achète quand même la voiture, quelle sera l'attitude de son assureur ? Est-ce qu'il multipliera la prime par 4 ou 5 ? Est-ce qu'il demandera expressément que la voiture dispose d'un système (complexe et qui coûtera cher) qui suivra la vigilance du conducteur, et s'assurera qu'il était dans la capacité et la volonté de diriger lui-même la voiture ? Ou les deux à la fois en ne multipliant la prime que par 2 ou 3 ?

Enfin comment pourront s'effectuer les homologations et certifications des algorithmes d'apprentissage profond ? C'est le même problème que pour les systèmes de défense et les aéronefs.

- En conclusion sur les voitures autonomes

Si on ajoute au problème technique des voitures elles-mêmes et du système qui nécessitera encore beaucoup d'études, d'expérimentations et de développements, les contraintes psychologiques, les contraintes d'assurances et de responsabilités, les constructions et signalisations sur les autoroutes disposant alors de dispositifs nouveaux et adaptés, on peut estimer qu'il faudra un nombre d'années important pour voir des voitures complètement autonomes, qui ne circulent d'abord que sur les autoroutes ou des zones précises bien équipées, ou bien avec des vitesses faibles.

À l'inverse, considérons maintenant les aspects extrêmement positifs de cette problématique : le besoin réel et très profond de disposer de voitures autonomes, qu'on voit par les énormes investissements et l'intérêt considérable qu'elles suscitent malgré tous les problèmes impliqués, va en forcer leur résolution, même si c'est dans un délai beaucoup plus important et avec des conditions plus strictes que prévu, et pousser dans le bon sens les autres recherches en intelligence artificielle en général.

La voiture autonome implique en effet des réflexions à la fois sur l'observation et la compréhension, mais aussi sur la gestion intelligente des actions à conduire et de leur temporalité, ce qui est l'une des bases de la future intelligence artificielle forte.

Ce sera un accélérateur considérable des progrès qui sont à faire en intelligence artificielle.

Notons à quel point ce sujet entraîne déjà des progrès techniques : la société Thales Alenia Space, spécialisée dans les systèmes satellitaires, vient d'être sélectionnée par la Commission Européenne pour étudier un nouveau service et compléter la précision du système européen global de navigation par satellite, EGNSS, fondé sur Galileo, au profit des véhicules autonomes.

9.3. Avions de ligne pouvant utiliser l'intelligence artificielle.

On pourrait parler de la même façon de l'intelligence artificielle appliquée au pilotage des avions de ligne. Aux contraintes similaires aux précédentes, s'ajoute qu'il y a tellement peu d'accidents ou d'incidents maintenant (un à deux accidents par million de vols) qu'un apprentissage profond serait très difficile à construire, à moins de disposer de centaines de millions de données réelles pour l'apprentissage. Il n'y a donc pas aujourd'hui de solution informatique par intelligence artificielle (faible) pour traiter de manière générale la sécurité de l'avion dans les situations inattendues, c'est-à-dire non décrites dans les données d'apprentissage.

Il faudra beaucoup de temps pour que l'intelligence artificielle, alors forte, puisse apprendre et décider comme les pilotes humains, et sans doute avec les mêmes taux d'erreur qu'eux. Avec un avantage toutefois pour l'intelligence artificielle (pouvant être dans certains cas un inconvénient, quand le règlement est inadapté et que le pilote décide de prendre une autre décision) : elle aura une connaissance parfaite de l'ensemble des règles et des consignes.

Une question est souvent posée à la fin de nos exposés sur le sujet : « Est-ce que le 15 janvier 2009, si l'Airbus A320 du vol 1549 de la compagnie aérienne américaine US Airways avait eu une intelligence artificielle forte comme pilote, il aurait décidé d'amerrir sur l'Hudson comme l'a fait le commandant Chesley Sullenberger ? ».

La réponse que nous faisons dans ce cas-là est la suivante :

« L'ordinateur pourra (dans de très nombreuses années)

- Décider d'abord rapidement qu'il s'agit bien d'une volée d'oiseaux qui a bloqué les moteurs, sans redémarrage possible.
- Ensuite, faire un calcul rapide en fonction de la position de l'avion par rapport aux terrains d'atterrissage alentour, et en déduire qu'il n'est pas possible d'y atterrir.
- Puis décider de ne pas suivre les consignes de n'atterrir que sur des terrains d'atterrissage et analyser les autres options : d'abord terrestres (autoroutes), voir que leur encombrement était dangereux, et ensuite l'Hudson, puisque dans sa mémoire l'ordinateur saurait qu'il peut utiliser cette possibilité technique, si certaines conditions sont observées.
- Enfin prendre la décision et amerrir. »

Cela implique un nombre important de faits que l'intelligence artificielle aura dû apprendre. Mais un jour lointain, pourquoi ne pas lui avoir enseigné ? Ce n'est pas impossible.

Enfin cette intelligence artificielle aurait pu prendre l'autre bonne décision, une fois l'amerrissage effectué, de commander la fermeture de tous les orifices. Il faut en effet les fermer dans les cas d'amerrissage, pour que l'avion ne coule pas au bout d'un certain temps. Chose que le commandant de bord Sullenberger humain avait oublié de faire. Mais je crois qu'on peut lui pardonner étant donné toutes les autres décisions qu'il a prises en sauvant des vies humaines !

Il reste tout de même qu'aujourd'hui, et même dans l'avenir avec l'intelligence artificielle forte, il faut que les aéronefs soient formellement certifiés de vol, avec des démonstrations inattaquables que l'ensemble fonctionne avec une probabilité de panne mortelle d'une au maximum sur un milliard d'heures de vol.

Sans certification, les avions sont interdits de vol. Nous avons vu précédemment que cette certification des aéronefs, pour ce qui concerne les décisions de pilotage impliquant la vie des passagers, n'est guère possible en l'état actuel de l'intelligence artificielle.

Il n'y a pas seulement l'avion lui-même en cause, il y a le pilote et son second, qui doivent gérer les commandes de cet avion, et il faut que l'interface humain-machine aussi soit certifiée. Aujourd'hui, sans intelligence artificielle, on certifie, d'un côté l'avion, de l'autre le pilote, bien sûr avec des méthodes différentes, mais en s'assurant que le pilote connaît parfaitement sa machine, son fonctionnement, ses réactions. Entre deux entités : deux humains, deux machines ou un humain et une machine, il faut que chacun « comprenne » l'autre, pour qu'une collaboration entre les deux fonctionne. C'est le cas la plupart du temps aujourd'hui sans intelligence artificielle.

Or comme on l'a vu, les blocs d'intelligence artificielle produits par l'apprentissage profond effectuent à peu près leur travail, mais on ne sait ni comment ni pourquoi.

La collaboration efficace entre un système d'intelligence artificielle créé par apprentissage profond et un humain ne peut donc exister parfaitement : l'humain ne comprend pas la machine, et la machine comprend encore moins l'humain. L'apprentissage profond ne l'a en effet pas programmé pour cela. Et ne pourrait le faire en théorie qu'en fondant l'apprentissage sur des milliards d'heures de vol par pilote.

De plus, nous savons déjà que même une collaboration entre un avion sans intelligence artificielle et un pilote est extrêmement complexe. Si on remplace cette interface unique par trois interfaces entre les trois entités : machine sans intelligence artificielle, système avec intelligence artificielle et humain, avec deux de ces interfaces qui n'atteignent pas le niveau de panne d'une sur un milliard de vols, on est sûr que l'ensemble ne peut pas fonctionner correctement.

En conclusion, si on tient absolument à utiliser l'intelligence artificielle, cela ne peut l'être que pour la laisser prendre des décisions qui n'influent en aucun cas sur la sécurité des vols et des passagers. À l'ingénieur-avionneur de concevoir ce nouvel objet, en étant capable de démontrer aux agences de certification que dans tous les cas possibles, inattendus et même inimaginables, aucune erreur des blocs d'intelligence artificielle n'influe sur la sécurité.

On n'a parlé ici que du danger du pilotage des avions et de prises de décisions en situation nouvelle ou inattendue. En revanche, la gestion intelligente du développement et de la maintenance des avions et de l'optimisation des consommations et des opérations ne nécessite pas de probabilité de non-fonctionnement quasi nulle comme le pilotage, et a déjà une influence tout à fait positive sur la sécurité du transport aérien.

Cette gestion utilise des traitements statistiques élaborés sur des bases de données très importantes[29], et grâce à cela elle est extrêmement efficace dans l'opération des aéronefs.

9.4. Les problèmes relatifs aux systèmes n'impliquant pas la vie humaine

Exclure tout risque pour les vies humaines simplifie significativement la problématique de développement. Néanmoins certaines contraintes subsistent tenant compte des erreurs inévitables des systèmes d'intelligence artificielle.

- On imagine aisément les conséquences possibles des erreurs des systèmes de contrôle de sécurité impliquant la reconnaissance de visages.
- Les erreurs de diagnostics médicaux restent sans doute moins dangereuses s'il ne s'agit que d'aide à un médecin qui a toutes possibilités de contrôler et filtrer les informations. Néanmoins l'interface entre le médecin et son système doit rester telle que les « conseils » donnés par le système soient utilisés à bon escient, laissant le choix de la solution au médecin qui en conserve la responsabilité.

---

29. Selon Forbes (19 Juin 2017) : « D'ici 2026, les données engendrées annuellement dans ce secteur de l'Aéronautique devraient atteindre 98 milliards de gigabytes, ou 98 millions de téraoctets, d'après une estimation datant de 2016 réalisée par Oliver Wyman. La dernière génération d'avions délivrera d'ici là entre cinq et huit téraoctets par vol, soit 80 fois plus que ce que les avions plus vieux produisent aujourd'hui. »

- Dans le domaine du renseignement militaire ou de sécurité, les niveaux supérieurs sont toujours largement contrôlés par des humains. Et en général ce sont eux qui font des erreurs. Richard Sorge avait bien annoncé l'attaque de Pearl Harbour à Staline qui ne l'avait pas cru…
- Il faut signaler enfin les grandes possibilités de mauvaises utilisations de l'intelligence artificielle dans les *big data*, avec tous les problèmes d'éthique et de corruption des circuits économiques. Mais ces problèmes existaient déjà bien avant l'utilisation de l'intelligence artificielle, qui ne peut maintenant qu'accentuer ces processus.

10. Les besoins et les marchés actuels et futurs

Quels sont maintenant les besoins et les marchés, moteurs principaux de ces recherches et développements ?

D'abord les acteurs principaux aujourd'hui : Google, Facebook, Amazon, IBM, Microsoft, Apple, ainsi que toutes les anciennes ou nouvelles sociétés dont l'investissement dans les réseaux et l'informatique augmentent ou devraient augmenter comme les banques en général, les assurances et celles qui trouvent de nouveaux marchés dans ces techniques comme Sigfox en domotique par exemple. Elles investissent considérablement dans l'intelligence artificielle.

Google a acheté en 2014 pour 400 millions de dollars la société DeepMind Technologies dont l'ordinateur AlphaGo a gagné contre le champion du monde de Go, Lee Sedol. Google a lancé la même année avec la NASA et des universités le laboratoire Quantum Artificial Intelligence. Google a ouvert un laboratoire à Londres depuis quelques années. Et plus récemment un autre à Paris.

Facebook a implanté dans le monde un certain nombre de laboratoires de recherche en intelligence artificielle, au titre de son programme FAIR (Facebook Artificial Intelligence Research). L'un d'eux en particulier a été ouvert le 2 juin 2015 à Paris sous la direction technique du professeur Yann LeCun, le co-inventeur de l'apprentissage profond, dont nous avons déjà parlé.

IBM a investi et investit des milliards de dollars autour de sa machine Watson qui a remporté le jeu télévisé Jeopardy contre les deux champions du jeu en février 2011. La politique actuelle d'IBM est d'orienter fortement ces investissements vers des applications de santé.

Microsoft mène apparemment une politique fondée sur son *cloud* qui est un investissement important pour eux, visant à utiliser ses produits FastTrack et Office 365 pour améliorer les interfaces clients que ce soient les leurs directement ou plutôt les clients de leurs clients qui utilisent leur *cloud.*

Rappelons la création à San Francisco le 11 décembre 2015 de la société américaine de recherche en intelligence artificielle Open AI, créée et dirigée par Elon Musk, le P-DG de Tesla Motors (et de Space X), et Sam Altman, le P-DG de Y Combinator, avec Reid Hoffman, co-fondateur de LinkedIn, Peter Thiel, co-fondateur de PayPal, Ilya Sutskever de Google, avec Amazon Web Services et Infosys.

Open AI part avec 1 milliard de dollars de capital, pour accélérer les recherches sur l'intelligence artificielle, et l'appliquer bien évidemment aux produits fabriqués par ces sociétés. S'agit-il de recherches de base ou fondamentales, des recherches applicatives, ou de développements de nouveaux produits, on ne le sait encore, du moins pour ceux qui ne sont pas à l'intérieur du dispositif.

Google, Facebook et Microsoft investissent essentiellement pour améliorer leur offre et la qualité de leurs produits, alors qu'IBM a pris une autre option : après avoir investi dans l'intelligence artificielle et Watson, il propose aux entreprises qui investissent dans des applications tout un ensemble d'outils d'intelligence artificielle qui les aident dans leurs développements et la qualité de leurs produits. IBM appelle ces outils CELIA, « Cognitive Environmental Labs Intelligent Agents », il les propose en particulier dans le domaine médical.

10.1. Les besoins médias et réseaux sociaux

Nous vivons une période de l'histoire où de plus en plus, nous avons besoin de communiquer entre nous, que ce soit via le téléphone, les réunions de discussion, Internet, les smartphones qui nous permettent de connaître toutes choses et idées qui nous font comprendre mieux et de manière plus profonde.

Comme si la connaissance humaine vivait une accélération considérable en quantité et en qualité, ainsi peut-être que l'intelligence de l'humanité et accélérait le besoin de partager au travers de médias et réseaux sociaux comme outils principaux.

Les marchés correspondants qui se développent ainsi entraînent une demande forte dans :

- la recherche intelligente dans les bases de données pouvant comprendre un maximum de connaissances humaines et de faits,
- la géographie avec toutes ses représentations et ses applications. Manifestement les coûts du développement et du fonctionnement du système sont aussi colossaux, mais Google l'assume et y trouve son intérêt.
  Le besoin motivant Google est manifestement le désir des utilisateurs de voir et comprendre la géographie du monde. Google se l'approprie pour le revendre par ses autres prestations.
- La compréhension des langues naturelles pour la communication avec les bases de données.
  Jusqu'à présent, c'était un outil marketing pour les smartphones. On l'emploie maintenant de plus en plus dans l'interface entre bases de données *cloud* et leurs utilisateurs.
- La reconnaissance et la recherche des personnes par leur visage ou leurs actions, et de permettre à chacun de construire son arbre de relations et d'amis et suivre la vie de cet arbre.

10.2. Les besoins marketing et politiques

Nous mettons dans cette rubrique tout ce qui est gestion statistique des données dans les *big data*, les bases de données énormes qui se développent sur tous les sujets aussi bien sociaux, politiques, achats des consommateurs ou volontés ou attirances d'achats, les divers désirs des populations en fonction de tel ou tel paramètre géographique, national, religieux ou même racial (dans les pays où cela est autorisé).

Les échanges de données entre ces *big data* et les sociétés d'exploitation des données par calculs statistiques, quand elles ne sont pas les mêmes, conduisent à des possibilités de calcul extrêmement efficaces pour détecter et définir de nouveaux concepts d'orientation des choix politiques, sociaux, culturels ou de consommation, et même de changement d'orientation politique de telle ou telle nation ou groupe démographique. Cela entraîne chez les clients de ces sociétés des progrès très sensibles de leur efficacité, qui commencent à bouleverser significativement nos sociétés occidentales et leur équilibre.

Comme nous l'avons dit, il ne s'agit pas encore strictement d'intelligence artificielle, mais la puissance des besoins à satisfaire et les montants économiques impliqués obligent à considérer dès maintenant qu'un progrès simple des techniques utilisées actuellement automatisera une grande partie de ces méthodes et on y retrouvera facilement comme moteur une intelligence artificielle extrêmement efficace.

Avec le développement des applications médias et réseaux sociaux, c'est cette vague de fond qui nous semble la plus puissante à entraîner à moyen terme le développement de l'intelligence artificielle.

10.3. Les besoins dans les transports

Nous avons décrit plus haut les investissements correspondants et la grande motivation actuelle pour le développement des voitures autonomes.

Même si l'intelligence artificielle est sans doute loin d'aboutir à une voiture totalement autonome, il suffit qu'on puisse imaginer grâce à elle et dans un premier temps, une voiture partiellement autonome avec un automatisme très poussé, mais gardant son conducteur humain vigilant en permanence, pour que les constructeurs investissent massivement.

Les trains pourraient utiliser l'intelligence artificielle avant les voitures. Quant aux avions, ce seront peut-être les derniers à l'utiliser, si même cela existe un jour.

10.4. Les besoins industriels

Ce type de besoin correspond à une optimisation entre l'homme et la machine des travaux industriels. Dans ces cas, c'est la rentabilité des opérations et la qualité des conditions de travail qui sont les critères principaux pour investir et utiliser les systèmes en question.

- Lecture de l'écriture manuscrite

Pour l'application postale, le paramètre le plus important est la rapidité et l'efficacité dans le transfert des plis et les traitements. Comme on l'a vu, les difficultés principales sont le transfert des plis de formes différentes et pouvant contenir des objets hors norme. Les caractéristiques des formes des lettres sont le deuxième problème. La résolution de ce problème a nécessité d'énormes investissements, mais même avec des taux de rejets et de fausses lectures importants, il est avéré que l'investissement est tout de même rentable, tenant compte de la pénibilité du travail humain que ces machines remplacent. Il semble qu'on ait atteint actuellement l'optimum possible de l'intelligence artificielle faible.

- Compréhension de la parole

Les applications industrielles de la reconnaissance de la parole ne sont pas encore apparemment autant développées que les autres, tout simplement par le fait que leur utilisation perturbe le mode habituel de travail en usine, et qu'il n'y a pas encore de philosophie d'emploi qui ait vraiment montré son efficacité. À part son utilisation pour la dictée vocale qui est opérationnelle et bien répandue.

Le besoin le plus important étant plutôt la compréhension du sens de la phrase, la complexité de ces systèmes amènera à l'utilisation obligatoire de l'intelligence artificielle forte pour y arriver. Le chapitre suivant exposera les recherches correspondantes plus précisément.

- Optimisation des moyens industriels

Depuis des décennies on utilise certains outils de recherche opérationnelle pour optimiser les stocks, les files d'attente, les plans de charge, l'optimisation prédictive de la maintenance, la gestion du personnel et son optimisation… La tendance est naturellement d'améliorer encore les outils en utilisant l'intelligence artificielle, avec surtout un besoin plus actuel d'améliorer les rapports entre les cadres et les outils en question : pour une plus grande convivialité et une plus grande souplesse.

- Optimisation de la fiabilité des systèmes

Que ce soient les systèmes ou produits vendus, ou les systèmes industriels, moyens propres des sociétés. Les méthodes de calculs statistiques sur de grandes bases de données de mesures permettent déjà dès à présent d'améliorer les prévisions de pannes et de réparations à effectuer dans de nombreux cas, comme celles qui concernent les pannes et usures des moteurs d'avions.

Là encore il ne s'agit pas d'intelligence artificielle proprement dite, mais l'évolution de la technique amènera naturellement à développer des moteurs d'intelligence artificielle dans un avenir pas très lointain.

10.5. Les besoins de défense et de sécurité

Ces besoins incluent notamment les opérations des missiles de croisière, le *locindoor* généralisé, la gestion des empreintes digitales de suspects, la détection de suspects dans les foules ou en des endroits sensibles.

Lorsqu'on compare le positionnement utilisateur de ces différents systèmes, on observe que ceux qui ont impliqué les plus gros investissements correspondent plutôt aux systèmes pour lesquels la concurrence humaine n'existe pas :

- Dans le cas des missiles de croisière, aucun humain ne peut en deux heures déposer rapidement une bombe d'une centaine de kilos dans un endroit précis fixe situé à des centaines de kilomètres d'une zone protégée sans se faire prendre ou sans provoquer des bombardements monstrueux inutiles.
- De même reconnaître une empreinte digitale parmi quelques millions en quelques secondes (et même en une journée) semble difficile pour un humain avec des méthodes classiques.
- Inversement le *locindoor* généralisé est en compétition avec ce que fait déjà un policier ou un militaire en opération et il se développe moins rapidement que les autres systèmes.

Il ne s'agit que de l'optimisation des outils ou systèmes. Les décisions opérationnelles ou stratégiques finales resteront encore très longtemps sous la responsabilité directe des humains qui utiliseront leurs outils de recherche opérationnelle. Les enjeux, et les risques de l'utilisation de l'intelligence artificielle sont en effet ici trop importants.

Enfin et surtout, la défense implique le risque de mort d'humains, elle est donc strictement et heureusement contrôlée légalement par le code de la guerre. Plus précisément, comme « on ne doit pas tuer de civils » et que l'intelligence artificielle, par sa définition, a toujours un taux d'erreur non nul, il est interdit de l'utiliser pour prendre les décisions de tirer.
Les conditions de tir sont réglementées, au moins dans les pays occidentaux et avancés. Même si pour quelques autres pays ou organismes ces règlements ne sont pas suivis…

En France, au ministère des armées, l'intelligence artificielle n'est en effet pas utilisée pour décider des tirs ou des attaques, décisions réservées aux humains. Mais elle permet d'optimiser les détections de menaces ou d'attaques, d'utiliser les méthodes de recherche opérationnelle[30] pour optimiser les manœuvres, la logistique et les plannings, d'aider les interprètes de données d'observation (photos spatiales ou aériennes, systèmes d'écoute sonore ou radar) à faire leur travail, de gérer de manière optimale les pannes de matériel…

Le ministère des armées a déjà utilisé de l'intelligence artificielle dans ses programmes, en opération depuis de nombreuses années : de manière typique dans l'exploitation sol du satellite de reconnaissance Helios dont les outils intelligence artificielle ont fortement aidé les photo-interprètes, et dans le guidage terminal du missile de croisière SCALP-EG/Storm Shadow qui reconnaît sa cible précise au milieu de paysages pouvant être très complexes, par une analyse à plusieurs niveaux déterminant les formes caractéristiques invariantes de l'image et de la cible.

Aujourd'hui les nouveaux programmes avec intelligence artificielle sont ou seront relatifs aux capacités suivantes :

- Les drones et satellites de reconnaissance : amélioration des détections automatiques, replanification en temps réel des missions, commandes de haut niveau
- Le renseignement : exploitation de données massives, fusion, signaux faibles, outils de fouille et de synthèse
- La cyberdéfense : détection des attaques, des vulnérabilités, gestion des menaces
- Le commandement : fusion des situations, planification-décision

30. Ces méthodes ont été utilisées par les armées bien avant l'utilisation des ordinateurs

- Véhicules terrestres : détection et classification d'objets observés, dialogue personne-machine, aide à la décision, optimisation de potentiel et maintenance
- Robotique : perception automatisée, navigation semi-autonome, collaboration homme-robot et robot-drone
- Guerre des mines : sonar sous-marin, détection-classification de mines, coordination multirobots
- Bâtiments de surface et sous-marins : détection-classification de cibles, fusion multi-capteurs, aide à manœuvre et décisions, optimisation de potentiel et maintenance
- Combat collaboratif : fusion tactique ami-ennemi, aide à gestion des cibles et des attaques
- Télécommunication : gestion des flux, des priorités, des pannes. Supervision
- Avions de combat : interface personne-machine adaptative, assistant virtuel, maintenance prédictive
- Drones de combat : génération dynamique et supervisée de plans et trajectoires, perception automatisée, reconfiguration système adaptative.

Des recherches et développements sont en cours, avec de grands projets structurants, et des moyens et plates-formes de développement

10.6. Les besoins de santé

Les produits de diagnostic automatique ou plutôt d'aide au diagnostic correspondent à un besoin fort. Le concurrent est bien sûr le médecin lui-même, mais son client préfère souvent le médecin à un ordinateur, et de son côté le médecin préfère aussi que son client s'adresse à lui plutôt qu'à l'ordinateur. Le marché du diagnostic est donc relativement limité. Mais il peut permettre que :

- le client vérifie sur ce système le diagnostic du médecin
- le médecin vérifie ses connaissances dans un cas délicat et difficile.

Ce qui n'empêche pas le patient d'arriver souvent chez son médecin en ayant consulté Internet et en lui disant ce qu'il faut qu'il lui conseille…

Nous ne parlons pas ici des systèmes modernes de télétraitements et de télé-opérations chirurgicales ni des systèmes d'aide à la chirurgie par représentation 3D de la zone à opérer. Ces cas extrêmement utiles correspondent à de réels besoins, mais ils ne correspondent ni à de la détection ni à de la reconnaissance automatique, ni de manière générale à des systèmes intelligents, l'intelligence reste dans ces cas-ci à 100 % dans le cerveau du chirurgien.

Cependant, la partie reconnaissance des formes de l'intelligence artificielle pourra aider la recherche de nouvelles méthodes de traitement liées à des analyses fines de différentes variantes de maladies ou des maladies rares. Les industriels investissent beaucoup dans ce domaine. IBM avec sa filiale Watson Health investit 150 millions de dollars en Europe à Milan en réunissant des laboratoires et des ingénieurs pour travailler sur son ordinateur Watson et un centre de *big data* qu'IBM a implanté dans la région.

10.7. Les besoins environnementaux

Le domaine de l'environnement implique : climat, météorologie, et ressources terrestres. Même si ces aspects sont fondamentaux, il faut reconnaître qu'ils n'entraînent pas d'investissements particuliers en intelligence artificielle. Il y a beaucoup d'investissement dans les satellites d'observation du sol, de la mer, de l'atmosphère, des pollutions, dans les énergies nouvelles. L'intelligence artificielle n'apporte que peu, sauf la partie traitement d'image et traitement des données. C'est ici surtout l'intelligence naturelle des chercheurs avec leurs ordinateurs comme outil de base de synthèse et de simulation, qui travaille. Elle a permis de découvrir ce qu'on peut appeler dans cet ouvrage de nouvelles formes : comme le phénomène El Niño dans le Pacifique, qu'on ne connaissait que localement sans son influence mondiale.

10.8. Autres applications diverses.

On peut classer typiquement dans cette catégorie les petits robots ayant forme humaine ou animale qui parlent, observent, entendent et marchent.

Au stade actuel, les meilleures performances sont celles qui correspondent à la marche et la préhension d'objets. Leurs capacités à voir, entendre et comprendre restent et resteront extrêmement élémentaires. On est encore loin d'une réelle intelligence artificielle forte. Mais ils peuvent servir à accompagner des personnes âgées ou handicapées, et les aider dans leur vie matérielle.

De plus, ces robots sont plus photogéniques et donnent peut-être plus de chaleur dans leur compagnie que ces grosses machines cubiques lisant les adresses, ou reconnaissant les empreintes digitales qui manquent un peu de convivialité.

11. Conclusion sur l'état de l'intelligence artificielle aujourd'hui

Avant que les ordinateurs ne soient vraiment utilisés, des équipes s'étaient déjà motivées par le problème de la reconnaissance des empreintes digitales. Les chercheurs chargés de la conception des systèmes permettant ces reconnaissances mesuraient ce qui apparaissait comme des caractéristiques des empreintes et ont construit un nombre important de fonctions de ces caractéristiques permettant d'affiner les recherches pour que dans chaque enquête l'opérateur-enquêteur dispose d'un ensemble plus restreint d'empreintes, pour améliorer l'efficacité de ses recherches. L'enquêteur parcourait alors à l'œil la liste de ces empreintes et trouvait normalement celle qui correspondait à l'individu recherché.

Le développement de ces systèmes, utilisant la méthode « essai et erreur », a duré de nombreuses décennies avant d'obtenir des qualités opérationnelles suffisantes.

Ensuite les ordinateurs sont devenus de plus en plus puissants et capables. Ils ont été utilisés alors pour effectuer les calculs des fonctions caractéristiques et de les mettre en ordre. La création de ces fonctions restait de la responsabilité des chercheurs humains. Puis les ordinateurs se sont développés encore beaucoup plus, et on a pu les utiliser pour créer de nouvelles fonctions automatiquement. L'ensemble a permis de converger vers des systèmes de plus en plus efficaces, montrant maintenant des succès opérationnels considérables.

Les ordinateurs ont ainsi travaillé de concert avec les humains avec toujours la méthode « essai et erreur », cette fois-ci gérée par l'ordinateur lui-même.

C'est cette méthode qui a été largement perfectionnée qui s'appelle maintenant l'apprentissage profond, et qui est utilisée dans de nombreux systèmes de détection de formes ou de concepts, quand il n'existe encore aucun modèle établi de leur définition ou description.

En parallèle, les théories et méthodes de calcul de probabilités et de statistiques se sont développées bien avant que les médias découvrent l'expression « intelligence artificielle ». Elles permettaient et permettent, sur les phénomènes à analyser à un humain, avec des visualisations particulières et des calculs de corrélation de données statistiques, de découvrir de nouvelles formes ou de nouveaux concepts sous-jacents significatifs avec leurs caractéristiques.

La méthode « essai et erreur » est ici géré par l'opérateur humain qui décide d'utiliser telle ou telle mesure, et qui décide in fine de l'existence des concepts qu'il cherche. L'ordinateur dans ce cas ne fait que mesurer des statistiques et des corrélations et les mettre en forme pour l'humain, selon ce qu'il a demandé.

Ce sont ces deux outils, apprentissage profond et théorie des probabilités avec calculs statistiques, qui sont les plus utilisés dans les systèmes dits d'intelligence artificielle. Mais ce ne sont que des outils : les systèmes d'intelligence artificielle, à proprement parler, impliquent par définition des décisions de la machine, avec une autonomie significative et le minimum d'intervention de l'humain.

L'armature logique de ces systèmes et les opérateurs programmés qui utilisent en particulier les deux outils précédents ne sont encore malheureusement construits dans chaque cas que par des chercheurs humains. Il n'y a pas encore d'apprentissage automatique de ces opérateurs, et encore moins de ce qui les assemble. Des recherches ont tout de même commencé dans les années 1960, en apportant d'excellentes idées théoriques, mais en fait peu d'idées sur des apprentissages automatiques efficaces pour des systèmes opérationnels.

Paradoxalement, pour ceux qui pensent que « Si c'est logique, c'est adapté aux ordinateurs », nous nous retrouvons aujourd'hui dans la situation inverse : alors que l'ordinateur ne peut pas encore apprendre automatiquement les structures logiques dont il aurait besoin, ce sont les deux outils supports de l'intuition que l'ordinateur est capable de construire.

Le chapitre suivant n°5 décrit les nombreuses recherches et développements qui restent à faire, pour qu'un apprentissage automatique crée les structures logiques qui constituent le squelette des systèmes utilisant l'intelligence artificielle, qui pilotent les sous-ensembles extrayant les formes ou les idées intuitives et qui prennent les décisions.

Enfin, le principe « Essai et erreur » s'applique à tous les niveaux de la création des systèmes d'intelligence artificielle. Il s'applique à l'humain qui crée ce que l'ordinateur n'arrive pas encore à créer : la structure logique dont nous venons de parler, et la gestion de l'utilisation des statistiques et des probabilités. Il s'applique aussi au fonctionnement même de l'apprentissage profond, quand celui-ci va chercher des opérateurs internes élémentaires et les assemble avant de tester l'ensemble ainsi créé, et ce des millions de fois avant de trouver le système satisfaisant les taux d'erreur et de fausses alarmes acceptés.

C'est pourquoi tout système qui utilise l'intelligence artificielle présente un taux d'erreur non nul, sauf si par hasard ou par une gestion exceptionnelle du programme ou de l'humain, on est arrivé à un fonctionnement exact et généralisable. Dans ce cas extrêmement rare, le processus aura alors créé un nouveau modèle, une nouvelle théorie ou un nouveau vrai concept. C'est ce qu'on fait Newton et Einstein quand ils ont cherché à expliquer certains phénomènes.

CHAPITRE 5

La route vers l'intuition et l'intelligence artificielles fortes

1. Qu'est-ce que l'intelligence artificielle forte ?

Après l'intelligence artificielle actuelle et prévisible à moyen terme, l'intelligence artificielle forte sera celle qui disposera d'un apprentissage beaucoup plus élaboré, et traitera un nombre incomparablement plus grand d'environnements et de problèmes.

- Elle disposera d'une mémoire de nombreux ordres de grandeur supérieure à la situation actuelle de l'IA, elle la gérera, la mettra périodiquement à jour et l'optimisera par la description des formes et des concepts, leur sens et leur importance.
- Elle découvrira des formes et inventera des concepts que l'humain n'a pas définis au départ. Elle les testera et les rangera dans sa mémoire.
- Elle apprendra à découvrir, inventer, tester et gérer dans sa mémoire les concepts trouvés et toutes leurs relations.
- Elle apprendra enfin même à apprendre.
- Et pour faire tout cela, elle aura un des fonctionnalités attribuées à la conscience
- C'est alors que l'intelligence artificielle se rapprochera de l'intelligence humaine.

En reprenant les schémas du chapitre 4 décrivant les intelligences animales et évoluées, on peut résumer cela en :

- La boucle vie de cette intelligence forte sera considérablement plus développée
- Et la boucle invention-création, qui est la vraie fonction intelligente, fonctionnera alors enfin significativement.

Au risque de décevoir certains et d'en rassurer d'autres, ce chapitre montrera l'énorme complexité de cette intelligence, impliquant que, si elle existe un jour, ce qui reste tout de même probable, au moins d'une certaine façon, ce sera dans un nombre très important de décennies.

2. Remarques préliminaires sur l'inné et l'acquis

Avant d'essayer d'appréhender ce qui reste à faire pour espérer atteindre en machine ce qu'on appellerait alors intelligence artificielle forte, comparons les processus de création de l'intelligence humaine et de l'intelligence artificielle actuelle.

Pendant des milliers de millénaires, l'intelligence des ancêtres de l'humain a évolué selon le principe darwinien, simple à comprendre, de la sélection naturelle : on meurt ou on survit avec ses descendants si et quand on acquiert les qualités nécessaires.

Peu à peu s'est créée, par des sauts aléatoires, une intelligence qui incluait et qui inclut toujours la capacité à apprendre de sa propre expérience et de l'expérience des autres, et à inventer, quitte à ce que ces inventions soient ensuite rejetées par soi-même ou par les autres. Il s'agit de ce qu'on appelle l'inné et l'acquis, l'acquis a pu être acquis, grâce aux capacités apportées par l'inné ; l'inné ayant été lui-même acquis pendant des millénaires.

Cela est valable tant pour l'humain que pour l'animal.

Quand nous observons une jument mettre bas son poulain, et que quelques minutes après (presque) le poulain se lève et commence à marcher, même difficilement, nous sommes en admiration, alors que nos enfants mettent un nombre significatif de mois pour apprendre (ce que nous avons d'ailleurs admiré aussi). Dans un cas c'est l'inné, dans l'autre c'est l'acquis, pour la même chose.

Pendant des millénaires le cheval a appris à marcher et à faire quelques autres choses, pendant que pour la même période l'humain a appris à apprendre. Il apprendra ensuite plus lentement, mais beaucoup plus de choses.

On retrouve le même processus dans la création de l'intelligence artificielle. Les chercheurs qui ont travaillé pendant des décennies (et non des millénaires heureusement) à chercher le bon algorithme de reconnaissance des formes, après des centaines d'essais et de tests, ont joué le rôle de sélectionneurs darwiniens. Maintenant, ils créent des algorithmes d'apprentissage qui permettraient au système de s'adapter encore plus efficacement à son environnement. Ils cherchent ainsi à programmer leurs ordinateurs pour qu'ils aient de l'inné contenant notamment des capacités d'acquérir de l'acquis. C'est l'humain chercheur qui aura été le créateur de cet inné.

Plus précisément, dans l'intelligence artificielle actuelle, l'humain a appris à l'ordinateur à :

- Observer et comprendre intuitivement
- Et à réfléchir pour trouver des solutions

Au premier abord on pourrait dire qu'on se trouve au niveau de l'intelligence des animaux d'intelligences les plus faibles et qui donc n'inventent pas ou très peu. Mais toutes les fonctions dans leurs cerveaux sont cohérentes et complètes, afin que dans leur milieu ils survivent.

Alors que l'intelligence artificielle actuelle n'en est même pas encore là : l'ordinateur dit intelligent n'a qu'un ensemble d'opérateurs limités au travail que l'humain lui a donné à faire, donc dans un univers beaucoup plus restreint. Il n'est donc pas complètement autonome, ne l'étant que dans son petit univers. Ce sera même le cas de la future voiture dite autonome, qui ne décidera pas d'aller chercher son propriétaire à la gare, sans qu'il le lui demande, simplement parce qu'elle sait qu'il y arrive à une certaine heure.

Dans la future intelligence artificielle forte, l'ordinateur devra vivre dans un univers beaucoup plus grand, et en plus avoir acquis ce qui lui sera nécessaire pour découvrir, inventer et apprendre. On voit que sur ces deux points de vue il aura dépassé l'intelligence des animaux, en ayant alors acquis une réelle autonomie.

Que faire pour avancer encore dans cette direction, vers cette création ?

Dans un premier temps (paragraphe 3), nous chercherons à analyser les fonctions qui manquent à notre intelligence artificielle actuelle pour atteindre (ou dépasser sur certains points qui le mériteraient ?) l'intelligence humaine. Ensuite, nous soulignerons l'importance de la collaboration entre les intelligences individuelles et l'intelligence globale de la société, en illustrant ce point sur quelques exemples de systèmes complexes.

Les paragraphes 4 et 5 montrent avec des exemples précis comment notre société en tant que telle montre une intelligence redoutable, avec toutes les caractéristiques de l'intelligence humaine, multipliées de manière colossale. L'idée conclusive de ces paragraphes est qu'il pourrait être intéressant de s'inspirer du fonctionnement de nos sociétés pour développer l'intelligence artificielle forte future.

Enfin, le paragraphe 6 tentera de montrer comment organiser les recherches pour créer les fonctions manquantes identifiées. Sans doute comme d'habitude par des idées échangées entre tous et par un mélange d'essais et de tests, et d'apprentissage. Les paragraphes 7, 8 et 9 expliciteront quelques recherches sur les notions de langage et de conscience allant dans ce sens.

On pourra aussi se demander comment l'ordinateur pourra aider le chercheur en faisant par exemple une partie de son travail. La machine serait chercheuse ou aide au chercheur-développeur. C'était l'idée de base de Jacques Pitrat, dès les années 60, qui l'a amené en 1985 à réaliser CAIA, son « Chercheur Artificiel en Intelligence Artificielle », dont nous avons expliqué déjà succinctement le contenu. Mais son ordinateur n'était pas encore assez puissant pour porter ses idées.

Cette réflexion, en retour, devrait de toute façon améliorer l'efficacité des chercheurs eux-mêmes pour trouver les bonnes idées et les bons algorithmes.

3. Les fonctions restant à implanter pour approcher l'intelligence artificielle forte

D'abord trois remarques fondamentales, deux fonctionnelles, une autre quantitative :

- La plus importante des différences entre l'intelligence humaine et l'intelligence artificielle actuelle (faible) est la beaucoup plus grande imbrication dans le cortex humain entre les opérations d'observation et de compréhension et les opérations de décision et d'action. Incluant aussi bien les actions vers l'extérieur, que celles vers l'intérieur de la mémoire.

- Ensuite l'écart considérable entre les deux intelligences dans les capacités à inventer et créer (la boucle d'invention-création), et dans la capacité à gérer et optimiser leur mémoire par une organisation de cette mémoire proche de l'organisation de la réalité[31].

- Enfin, sur le plan quantitatif, le nombre d'opérations que notre cortex peut traiter est considérable. Il suffit de comparer les 100 milliards de neurones dont l'humain peut disposer avec pour chacun ses 10 000 synapses qui le connectent aux autres, au malheureux millier d'opérateurs de nos meilleurs systèmes intelligents actuels, pour comprendre la différence.

  Les dix zetta-octets environ disponibles dans les centres de *big data* dans le monde, soit mille milliards de milliards d'octets, correspondent peut-être à peu près au même nombre de neurones qu'il y a dans l'ensemble des têtes de l'humanité actuelle. Mais avec la différence que les opérateurs à l'intérieur des systèmes opératifs des *big data*, sont loin, vraiment très loin d'utiliser une intelligence d'invention et de création comparable à celle des humains, qui est, malgré ce que certains disent, remarquablement bien organisée.

31. Comme le montrent et très précisément les recherches récentes dans les sciences cognitives.

3.1. *Les fonctions fondamentales de découverte, compréhension, acquisition*

L'apprentissage profond a constitué une rupture technologique considérable et remarquablement efficace. Mais il se limite pour l'instant à la création d'opérateurs de classification et de décision, que nous avons appelés d'ordre intuitif. Il ne construit pas encore des systèmes qui créeraient les définitions mêmes de chaque forme et concept, après les avoir découverts et appris. Ils seraient aussi beaucoup plus complexes et plus riches de capacités d'invention et de mémorisation des définitions de ces formes et concepts.

Ces évolutions constitueraient plus que des évolutions, et plutôt une série de nouvelles ruptures technologiques qui pourraient se déclencher aussi bien dans quelques années que dans quelques décennies, ou plus tard encore.

- Les opérateurs de découverte de formes et de concepts

Avant la création de nouvelles formes ou concepts, il faut les découvrir.

Si nous revenons à notre martien au bord de la mer observant les Voiles de Saint-Tropez, avant même de construire dans son cortex la description du voilier qu'il observe, il aura détecté des choses qui sortent de l'ordinaire : les contours du foc, la forme triangulaire de la voile, etc. Et cela l'a amené à imaginer et construire la forme « voilier » pour la reconnaître ultérieurement et observer à côté d'autres formes comparables. Et comme ce fait est aussi étonnant, il créera la notion de « régate » …

De même, Einstein a imaginé la Relativité, parce qu'il ne comprenait pas pourquoi, quels que soient les repères de référence et leurs mouvements propres, la lumière avait toujours la même vitesse, ce qui n'était pas normal dans les théories physiques et les schémas intellectuels habituels. Il a ensuite créé le schéma de la Relativité. Et comme cette notion a été vérifiée par l'expérience un nombre important de fois, on a pu dire qu'il a « découvert » la Relativité, comme faisant partie de la Réalité.

Notre martien et Einstein utilisent alors dans leur cortex les opérateurs « découverte » et « invention », qui constituent une autre composante de l'intelligence qu'il faudra construire dans notre machine d'intelligence artificielle forte.

- Les opérateurs de création de formes et de concepts.

Une fois que l'intelligence (naturelle ou artificielle forte) découvre qu'il y a probablement une nouvelle forme, ou plus généralement un nouveau concept dans un certain environnement, elle doit le définir plus précisément et ensuite le mémoriser correctement pour pouvoir le réutiliser.

Lorsque nous décrivons la forme d'un visage pour reconnaître notre vis-à-vis, ce n'est pas « l'impression » que son visage nous donne qui nous permet de dire qu'il s'agit de telle ou telle personne.

C'est une reconnaissance à plusieurs niveaux qui nous permet de détecter des objets oblongs ayant des caractéristiques précises, par l'existence au centre d'une tache circulaire noire entourée d'un anneau coloré avec des dessins de rayons, des cils autour, etc. (ce sont les yeux). Ensuite nous détectons par ses caractéristiques ce qu'on appelle un nez, puis une bouche. Déjà nous observons que les yeux sont symétriques à peu près au même niveau, le nez au milieu et plus bas, etc. Nous constatons inconsciemment que les caractéristiques de ces formes élémentaires sont les mêmes que celles de notre amie X (à quelques exceptions près comme des lunettes, un maquillage différent…) et que la forme générale (positions relatives des formes élémentaires) correspond beaucoup à celle de sa figure. Nous décidons alors inconsciemment que c'est elle, et nous pouvons lui parler des affaires qui nous intéressent en commun, comme sa famille et ses enfants.

Ce processus ressemble à celui qui permet à notre martien de Saint-Tropez du début de cet ouvrage, après l'avoir détecté, d'apprendre ce nouvel objet que nous appelons le voilier, pour ultérieurement le reconnaître. Il ressemble aussi, même si le niveau de l'intelligence n'est pas le même dans les deux cas, au processus employé par Albert Einstein qui, après avoir détecté que la vitesse de la lumière était la même quelle que soit la vitesse de l'objet qui l'émettait, a proposé que les vitesses relatives des objets ne s'ajoutaient pas comme on l'imaginait avant, mais avec un coefficient correctif impliquant le rapport entre la vitesse relative mesurée et la vitesse de la lumière.

Comment construire ce processus qui aboutit non pas à une décision intuitive, mais à une description beaucoup plus rigoureuse, et diminuant considérablement le taux d'erreur de la reconnaissance ? À notre avis, il s'agit là du problème le plus difficile, par ailleurs fondamental et qui nécessite les recherches à faire les plus importantes.

3.2. L'imbrication compréhension-action

Analysons plus en détail le processus auquel obéit le cortex d'un observateur comme notre martien du début, ayant déjà l'année précédente mémorisé la description d'un voilier et d'une régate, et regardant de nouveau une régate dans le golfe de Saint-Tropez. En effet ce pourrait être le même processus que celui que devrait suivre notre ordinateur possédant une intelligence forte.

- Il attache d'abord son attention sur une zone du paysage où il y a « quelque chose » qui sort de l'ensemble du fond. Il oriente ses yeux à cet endroit où il y a une tache claire sur fond plus foncé ; première décision-action à partir d'une première observation.
- Ensuite, il décide de reconnaître et comprendre cette forme. Deuxième décision-action

- Il effectue des mouvements des yeux pour successivement détecter des bords, des triangles, un agencement de ces formes élémentaires qui, en consultant sa mémoire ce qui est une autre action, lui indique qu'il s'agit probablement d'un voilier. Il a en effet déjà « appris » le voilier, et il a opéré la corrélation. En fait il n'aura observé que peu de ces formes élémentaires avant de prendre sa décision. En effet le mini-processus utilisé est : « je regarde la mer, donc je sais, par l'information passée par ma mémoire, qu'il y a une forte probabilité que ce que j'observe soit un voilier, ma mémoire me dit aussi comment est fait un voilier, m'indique les deux ou trois endroits à fixer, et si cela correspond, je décide : voilier ». Il s'agit de reconnaissance et de compréhension, mais fondée déjà sur plusieurs imbrications : action et reconnaissance.
- Ensuite, un autre concept se fait jour : selon la mémoire, « s'il y a un voilier, il devrait y en avoir d'autres, et peut-être une régate », et la mémoire lui décrit les caractéristiques d'une régate : en général « des voiliers semblables allant à peu près dans la même direction ». Décision d'orientation : l'œil bouge vers une autre tache claire…
- Et ainsi de suite, jusqu'au déclenchement de l'idée « pourquoi ne fais-je pas partie de la régate ? », ce qui poussera peut-être à déclencher des actions physiques comme chercher un voilier avec son équipage à qui il manque un équipier, …

De manière symétrique, à l'intérieur du cortex, on devrait observer aussi un processus montrant une imbrication compréhension-création. Ces deux imbrications se retrouveraient corrélées, avec probablement un temps différé par rapport au temps réel, en ce qui concerne l'imbrication interne des fonctions d'intelligence.

On retrouve bien cette imbrication compréhension-action dans les idées et les œuvres d'Edelmann (1989, 1992), grand biologiste et prix Nobel en 1972, qui l'a bien analysée dans ses études sur la conscience.

Cette imbrication entre les opérateurs biologiques vers l'extérieur comme :

- Détection-reconnaissance-compréhension,
- Décision-action,

et les opérateurs vers la mémoire :

- Recherche de la nature des formes,
- Information sur les probabilités d'observer telle ou telle forme, ou la matérialisation d'un concept donné,
- Adaptation de la logique et du planning des actions,
- Autres opérateurs liés à la conscience, les sentiments…,

est donc beaucoup plus complexe que l'interaction entre les opérateurs informatiques qui forment la base de l'intelligence artificielle faible.

Dans chacun des systèmes que nous avons analysés dans nos premiers chapitres au titre de l'intelligence artificielle actuelle faible, celle-ci dispose d'un faible nombre d'opérateurs d'observation-détection, même si les opérateurs d'apprentissage profond sont complexes, et un faible nombre d'opérateurs d'action, comme le parcours d'arborescence dans les démonstrations automatiques de théorèmes, les jeux ou les problèmes d'optimisation utilisant la recherche opérationnelle.

Il y en aura sans doute beaucoup plus de ces deux variétés entremêlées, *observation-détection* et *décision-action*, dans les systèmes de conduite des futures voitures autonomes, quand elles seront complètement opérationnelles. Mais même dans ce cas leur nombre sera loin d'atteindre celui nécessaire à l'intelligence artificielle forte qui devra gérer ses observations comme notre martien.

3.3. Les différents univers de concepts gérant l'intelligence

Dans notre futur ordinateur à intelligence forte, on peut se représenter que le rôle de chaque opérateur informatique, est de transmettre à d'autres opérateurs des informations, qu'ils les attendent ou pas, et de provoquer éventuellement leur déclenchement.

Tout ceci pourrait s'effectuer à l'intérieur d'une organisation dans la mémoire de l'ordinateur, suivant elle-même un nombre extrêmement important d'ensembles de concepts eux-mêmes organisés en réseaux, et qui pourraient ressembler aux familles de concepts que les humains utilisent depuis des millénaires :

- Les concepts relatifs au 3D, relatifs au temps et donc aussi au changement…
- Les concepts liés à des domaines d'expertise, comme la musique, la conduite automobile, l'écriture de romans…
- Les concepts de but d'action, et de logique de structure de buts
- Des centaines sinon des milliers d'autres concepts pivots qui ont des liens avec la plupart des formes et concepts en mémoire, et entre eux-mêmes
- Sans oublier le concept de concept lui-même.

3.4. La récursivité des opérateurs

Que ce soient les opérateurs de découverte ou de création de formes, ils peuvent s'appuyer sur d'autres opérateurs qui décrivent la famille de concepts correspondants aux problèmes en cours, et permettent de choisir plus rapidement les plus adaptés. Ces opérateurs précisant le contexte ont pu être construits eux-mêmes de la même manière. On appelle ce processus la récursivité : les opérateurs intelligents sont alors construits par des opérateurs intelligents qui sont construits de même, etc. Certains chercheurs appellent ce processus l'amorçage, ce qui ajoute à ce qu'évoque le mot récursivité l'idée de création successive. Mais en oubliant un peu le fait qu'il s'agit de concepts qui se construisent eux-mêmes avec les mêmes principes.

Le présent ouvrage qui décrit l'ensemble du phénomène, contribue de fait à cette récursivité : il a été lui-même construit par une expérience de ses auteurs fondée sur de nombreuses expériences ayant accumulé un ensemble de notions créées au cours du temps. Et s'il a une petite influence, il aura contribué à construire d'autres opérateurs de compréhension ailleurs, et ainsi de suite…

4. La société prolongement de l'humain comme support de l'intelligence

Depuis un certain nombre de millénaires, l'humain ayant émergé de la catégorie des grands singes, par des évolutions aléatoires de nos gènes sur d'immenses périodes avec une sélection naturelle de ces évolutions, a acquis de ce fait une certaine intelligence et a très vite compris l'intérêt de se regrouper par familles et par groupes, en communiquant entre eux-mêmes par ce qui est devenu le langage. C'est ainsi que la société est née.

De manière naturelle et jusqu'à notre société actuelle, ces groupes ont échangé de multiples informations sur ce que nous avons appelé des formes et des concepts, et ont construit des structures organisant les actions qu'ils imaginaient, planifiaient et effectuaient de manière cohérente avec les représentations de la réalité qu'ils avaient.

On constate que les fonctions de la vie définissant le cadre de l'intelligence : observer, comprendre, décider, agir, avec comme buts la mémorisation et l'invention-création, coordonnées par l'organisation, se retrouvent parfaitement dans ce qu'on pourrait appeler l'intelligence dans l'organisation et le fonctionnement de nos sociétés.

Nous ne comptons pas dans cette intelligence, les fonctions de survie, de nourriture, de reproduction, de même que nous n'avons pas comptabilisé ces fonctions dans l'intelligence humaine, ni dans l'intelligence artificielle.

Ce schéma ainsi décrit est comparable à ce que nous avons décrit précédemment sur l'intelligence des colonies de fourmis. Chacune d'elle a une intelligence assez limitée, mais le comportement de chaque colonie avec son réseau interne de communication et d'organisation, avec création adaptative d'intentionnalité et de buts à atteindre, montre une intelligence beaucoup plus développée.

De la même façon que pour ces colonies de fourmis, notre société humaine montre toutes les caractéristiques définissant l'intelligence, et aussi de manière beaucoup plus développée que pour chacun des humains pris séparément[32] :

- Observer et comprendre :
  - La vie sociale, les voyages, la lecture
  - Les journaux, la télévision, le journalisme : pour recueillir l'information le plus intelligemment possible
  - Les philosophes, les *think tanks*, les écrivains : pour essayer de comprendre

- Décision et action. La gestion des actions existe aussi bien évidemment :
  - Les actions de s'informer (semblables aux actions de l'œil de notre observateur des Voiles de Saint-Tropez) : les télécommunications, les professeurs, écoles et universités
  - Les actions de chercher les nouveaux concepts : les chercheurs, les explorateurs, les astronautes, les astronomes
  - Les actions pour subsister, qui sont fondées sur une structure en réseaux de concepts incluant la cueillette des fruits et légumes, la chasse, les activités de vente de produits alimentaires, de cuisine…
  - Les actions pour rendre la vie acceptable, heureuse et dynamique, qui agissent sur les émotions, les désirs, les sentiments, organisées par les sociétés de spectacles, les sociétés artistiques, les théâtres, les concerts, les cinémas, les rencontres sociales, les sports…
  - Les actions pour améliorer l'existence et la vie de la société, par la création de moyens de communication, de transports…
  - Les actions pour comprendre et organiser toutes ces actions, comme celles des politiques, des juristes, des sociologues…

- Mémorisation : Les représentations de la réalité, au début, se sont retrouvées réparties dans l'ensemble des cerveaux humains de manière à peu près cohérente aussi. Les discussions et disputes permettaient de détecter les incohérences et d'agir en conséquence : soit en se mettant d'accord, soit en demandant des arbitrages, soit en tuant simplement le support physico-chimique (l'humain ou le groupe d'humains) des idées sur lesquelles le vainqueur n'était pas d'accord.

32. Les chercheurs historiens et archéologues reconnaissent bien que l'intelligence de chacun d'entre nous est comparable à celle de l'homme de Cro-Magnon. Simplement nous savons et comprenons ensemble beaucoup plus de choses par nos multiples communications, mémorisations et organisations qui nous ont fait construire une intelligence globale bien supérieure.

Il reste et restera toujours une activité, celle de recherche de cohérence de ces représentations. Cela occupe de nombreuses personnes : les journalistes et les organisations médiatiques, les écrivains, les professeurs et les universités, Google, Baidu, et aussi les organisations judiciaires dans certains cas de difficultés à trancher…
Puis les supports de la représentation de la réalité, la « mémoire », après avoir été les cerveaux des membres des groupes, sont devenus des parchemins, des livres, des bibliothèques, et maintenant des ordinateurs et des *big data.*
L'optimisation de l'ensemble de ces représentations est toujours en cours et beaucoup reste à faire ! Peut-être la quantité importante de nouveaux concepts qui émergent en permanence empêche sans doute cette optimisation. Les guerres, les désaccords à tous niveaux en sont en tout cas la démonstration.

- Invention et création. Remarquons aussi la similitude entre le mode classique de la découverte et de la création de nouveaux concepts, au niveau de l'humain et de la société. Dans les deux cas :
  - On détecte quelque chose de bizarre et hors-norme
  - On construit un schéma d'explication
  - On le teste sur un nombre significatif d'expériences
  - Si le schéma est vérifié, il devient vérité, sinon, retour à la deuxième action pour un autre schéma.
  - Et si plusieurs groupes ont des vérités différentes, discussions, guerres…

Il faut noter ici que les ordinateurs dits intelligents aujourd'hui peuvent aussi inventer et créer, mais de manière aléatoire et sans encore d'intentions, ni inventées ni programmées. Les intentions restent encore du domaine humain.
Les débuts de l'intelligence artificielle forte verront sans doute apparaître des machines se créant des intentions et des buts. Il faudra simplement s'assurer qu'ils sont cohérents avec les nôtres.

Ce processus est tout à fait suivi par la communauté scientifique humaine actuelle.

Les chercheurs scientifiques apprennent d'abord énormément de leurs professeurs et de leurs pairs, en participant à de nombreuses conférences, forums, colloques. Ces échanges permettent des informations mutuelles très riches venant d'années d'expérience de milliers de chercheurs différents, et leur apportent à tous beaucoup pour les détections possibles de nouvelles idées.

Ensuite, grâce à ce bouillonnement d'idées multiples, une partie de cette communauté scientifique peut inventer de nouveaux modèles, qui sont ensuite testés, validés et utilisés comme nouvelles théories.

Lorsqu'on sort en revanche de cette communauté scientifique, les processus d'invention et de création peuvent d'écarter plus ou moins de cette logique. Pensons à certaines idées historiques, sociales ou politiques, pensons aussi à de simples croyances comme la croyance chez certains que la terre est plate[33], ou que les martiens existent. Même si de nombreux chercheurs, penseurs ou philosophes ont des idées construites de manière objective rationnelle et saine, certaines personnes et certaines organisations font l'erreur de ne pas prendre la peine de tester réellement leurs schémas, et les considèrent comme acquis tout de même. Quelquefois, les tests existent par exemple chez d'autres groupes ou nations, mais elles ne veulent pas y croire, et gardent leurs théories comme schémas structurant leurs positions. Elles peuvent même estimer sincèrement que leurs théories doivent prendre le pas sur le pragmatisme.

On peut arriver alors à des idées et des théories fausses. Lorsqu'il ne s'agit que d'une seule personne ou d'un nombre faible, les dommages peuvent ne pas être importants, mais s'il s'agit de grands groupes humains ou de nations, ils peuvent entraîner des guerres et des catastrophes.

Si l'ensemble de nos sociétés se développe malgré tout correctement, ainsi que les bonnes idées, c'est bien grâce à l'efficacité de la fonction « organisation » ci-après.

- L'organisation

On pourrait bien évidemment lister des milliers de tels concepts, d'actions, de gestions des mémoires, avec leurs relations, le partage des actions dans différents groupes humains…

On retrouverait le même type de fonctionnement entre celui de la société et celui de l'intelligence de chaque humain, mais avec une complexité et une autogestion encore bien plus importante avec :

  - Des réseaux liant les formes et les concepts avec les moyens pour les détecter, avec d'autres moyens de créer et de mémoriser de nouveaux concepts, ou des changements de la réalité, ou de nouvelles possibilités d'actions.
  - Des réseaux liant les possibilités et logiques d'actions, avec les concepts mémorisés : par exemple dans les grands programmes de construction, de développement de produits, de voitures, d'avions… des programmes de vente, des programmes de stratégie politique, des programmes de développement culturels.
  - Une organisation particulièrement dynamique de la création de nouveaux concepts avec des chercheurs scientifiques, des responsables de développement dans les entreprises, des philosophes, des architectes, avec des constructeurs derrière les inventeurs réalisant des moyens de savoir plus et de découvrir plus, de construire plus, de communiquer et bouger plus.

---

33. 16% de la population des États-Unis pense que la Terre est plate, 7% au Brésil, 12% en France !

o Un mode de gestion de l'ensemble par morts et naissances alternées à tous niveaux : les cellules, les animaux, les hommes, les sociétés, les nations, les idées... poussant à l'optimisation, à la motivation et à la création. Mode de gestion que nous avons recommandée pour préparer l'intelligence artificielle forte.
o Enfin les organisations politiques, efficaces ou non, cohérentes ou non.

C'est au niveau de ce bloc fonctionnel « organisation » qu'on retrouve le plus de faiblesse et de dangers. En commençant par les principes même de l'organisation qui font l'objet de désaccords : centralisme-libéralisme, ouverture-fermeture entre autres.

Nos sociétés humaines apparaissent avoir toujours besoin ensemble d'une organisation et d'un fonctionnement plus efficace, même si localement certaines d'entre elles peuvent fonctionner de manière plus efficaces que d'autres, du moins dans certaines périodes de l'histoire.

Inversement l'ensemble de la société humaine a besoin d'être multiple pour qu'avec la concurrence à tous niveaux et le processus « mort et renaissance », elle progresse globalement.

Est-ce que l'intelligence artificielle en devenir aidera ou rendra le problème encore plus complexe ? On peut penser tout de même que s'il y a des solutions ou des améliorations, elles ne peuvent venir que de l'intelligence, qu'elle soit artificielle ou non.

5. Quelques résultats de l'intelligence globale de la société : quatre exemples de grands systèmes complexes concrets

5.1. Les systèmes de missiles de croisière

Nous avons déjà parlé des missiles de croisière comme exemples de systèmes complexes faisant de la reconnaissance de forme automatique pendant leur mission. Les détails principaux de ces programmes y ont déjà été décrits.

Rappelons simplement ceci :

- que, largués d'avion ou de navire, ils peuvent atteindre une cible à un nombre significatif de centaines de kilomètres du point de largage, et avec une précision pouvant être mesurée en décimètres, qui leur permettent de ne faire aucun dommage collatéral et sans opérer des bombardements aveugles qui font d'énormes dégâts inutiles et inacceptables maintenant ;

- qu'ils volent très bas en recalant en permanence leur trajectoire sur la forme du relief. Lorsqu'ils approchent de la cible prévue, ils font une corrélation d'image en reconnaissant précisément leur cible fixe, et remplissent leur mission.

De plus, dans la mission de certains types de ces missiles il leur est indiqué les endroits sensibles à éviter, écoles, hôpitaux, habitations, pour qu'ils gèrent correctement leur chute s'ils y sont obligés.

L'aspect système : plutôt que de parler de ces missiles, parlons des grands systèmes plus vastes dont ils dépendent, et qui incluent aussi :

- l'avion porteur, son pilote, avec l'environnement technique et organisationnel permettant à ce pilote et son avion d'effectuer leur mission,
- les satellites stéréoscopiques qui recueillent les données de recalage sur relief, l'organisation de leur exploitation et leurs bases de données géographiques,
- les systèmes sol qui créent les modèles numériques de terrain à partir des données des systèmes précédents, permettant aux missiles de naviguer correctement,
- les satellites d'observation militaires de grande finesse d'observation (ou les drones selon le cas) et leurs environnements qui alimentent le renseignement militaire permettant de savoir quelles cibles traiter, qui communiquent les données permettant le guidage terminal précis des missiles, et qui enfin montrent, une fois les missions effectuées, si elles ont réussi,
- les organisations de la gestion opérationnelle de ces ensembles, avec les opérateurs humains, leurs méthodologies et leurs consignes qui servent les systèmes, représentent elles-mêmes de grands systèmes intelligents adaptés à un besoin précis de défense.

Le missile, lui-même, a une certaine intelligence : une capacité d'observer, de comprendre où il est, où il va, où il doit aller, donc un niveau minimum de conscience de son positionnement dans son environnement, de son état de santé par son contrôle interne, de sa mission. En outre, il est capable de prendre des décisions : viser et satisfaire sa mission, ou se crasher correctement s'il le faut.

En revanche, il n'y a pas dans cette intelligence la boucle en retour des actions pour modifier et enrichir la mémoire, et il n'y a pas non plus de fonction invention-création.

On peut dire qu'il s'agit d'une intelligence très élémentaire, sans doute très inférieure encore à celle des fourmis qui montrent des capacités d'adaptation, donc de modification de leur mémoire et d'invention, par exemple pour trouver de nouveaux trajets dans l'organisation de leur travail.

En revanche, le système global incluant les humains et dont le missile n'est qu'un élément révèle beaucoup plus d'intelligence au sens où nous l'avons défini.

Le grand système travaille sur des formes qu'il a observées, acquises et prises en compte dans ses décisions : le relief qu'il avait observé *a priori* avant sa mission, l'image des cibles qu'il pourrait traiter, le radar de navigation embarqué du missile qui lui permet de reconnaître le relief survolé parmi les données de relief qu'il a en mémoire, la caméra infrarouge de tête du missile qui lui permet de voir et de reconnaître la forme qu'on lui a dit de traiter, enfin après la mission l'image d'un satellite d'observation montrant la forme signifiant le succès ou non de sa mission. Enfin, on peut citer les décisions prises tout au long de ces opérations : soit des décisions prises par des humains faisant partie du grand système, soit par les ordinateurs au sol, soit par le missile lui-même.

En étant plus précis, nous pourrions faire des analyses plus détaillées sur des actions particulières, et nous verrions que chaque action s'effectue aussi selon des processus intelligents comme nous les avons décrits et définis : avec imbrication multiple en fonction du temps de nombreuses opérations de détection-compréhension et de décision-action, et une mémoire répartie qui décrit l'ensemble en détail ainsi que son fonctionnement.

Par exemple, bien avant la mission, l'organisation en charge des opérations programme le satellite d'observation militaire de grande finesse pour qu'il observe la zone critique où se passent des opérations, et qu'il transmette les images au sol dans le centre de photo-interprétation. Les photo-interprètes ont été informés au préalable par d'autres sources de renseignement ou par leurs collègues qui travaillent depuis le début de la crise, sur les probabilités d'existence de centres de commandement, ou d'armement et munitions, ou de centre radar ou de communications, ou même, pour un cas récent, des zones où il peut y avoir des usines de fabrication et de stockage d'armes chimiques.

Les photo-interprètes se partagent le travail d'analyse des images en zones et chacun cherche sur sa zone les points exacts à détruire. La manière employée ressemble étrangement à la manière de notre observateur des régates de Saint-Tropez : regarder les endroits sortant de l'ordinaire, déterminer précisément ce que c'est, observer les voies de communication qui en partent s'il s'agit d'un point d'intérêt, aboutir sur d'autres points, et, de proche en proche, déterminer les bâtiments ou points à détruire précisément, avec la description de chacun, et leurs natures et rôles dans l'organisation de l'hostile.

Le travail a été fait sur de nombreuses zones par plusieurs pays : par exemple sur l'Irak de Saddam Hussein pour rechercher les centres de fabrication et stockage d'armes de destruction massive annoncés par les Etats-Unis (pour n'en détecter aucun…), et plus récemment sur les centres chimiques de Syrie.

Dans ce dernier cas, le satellite donne au départ avec précision la position de ces points à traiter. Après traitement, et décision définitive, les coordonnées des cibles sont données, avec l'image précise 3D des bâtiments qui l'entourent, au centre de préparation de la mission qui prépare les cassettes qui seront embarquées sur les avions porteurs des missiles.

La décision même de faire la mission résulte aussi d'un ensemble complexe de traitements cohérents de données venant d'humains et de machines.

Ce système beaucoup plus vaste que le missile, utilisant des hommes et des machines, parfaitement bien organisé aussi et dans lequel on retrouve partout, action par action, les blocs de base décrivant l'intelligence, est lui-même un système intelligent..

Au niveau au-dessus, c'est encore l'humain avec son organisation qui a créé l'ensemble de ce système et son fonctionnement, bien avant qu'il n'existe, par des réflexions, des actions mémoires (les connaissances et le savoir-faire des industriels, avec leurs bases de données d'expériences), des inventions et des créations, et ce par une organisation intelligente d'humains et de machines. Enfin, c'est bien la société et son organisation qui ont montré et montrent de l'intelligence.

5.2. Le Centre Européen pour la Recherche Nucléaire (CERN-Genève)

Le Centre Européen pour la Recherche Nucléaire, le CERN, est né officiellement en 1954, après des appels par des prix Nobel, dont Louis de Broglie dès 1949 pour la création d'un laboratoire international sur le nucléaire.

Le CERN est maintenant principalement le centre mettant en œuvre le plus grand cyclotron du monde le LHC, le Large Hadron Collider, ou Grand Collisionneur de Hadrons (nom des grandes particules comme le proton et le neutron). Il lui permet d'animer au plan mondial les recherches sur la physique fondamentale, les constituants de base et les lois de l'univers, en d'organisant la collaboration entre 21 États européens : Allemagne, Autriche, Belgique, Bulgarie, Danemark, Espagne, Finlande, France, Grèce, Hongrie, Italie, Norvège, Pays-Bas, Pologne, Portugal, République slovaque, République tchèque, Royaume-Uni, Suède et Suisse, avec Israël.

Grâce au CERN, collaborent sur le site 3000 permanents pour faire fonctionner le LHC, avec 6000 physiciens en Europe et 3000 autres dans le reste du monde, soit près de la moitié des physiciens nucléaires mondiaux.

Le LHC représente un anneau parfaitement circulaire de 27 km de circonférence, autour de deux tubes à vide où circulent les faisceaux de particules à 99,99 % de la vitesse de la lumière (300 000 km/s). Le niveau de vide est de dix mille milliardièmes d'atmosphère, c'est-à-dire bien plus raréfié que le vide de l'espace. Les particules circulent dans ces deux tubes selon des trajectoires inverses parfaitement circulaires grâce à 1232 énormes électroaimants fonctionnant à une température de -271,3 °C, très proche du 0° absolu qui est de -273 °C. Chaque électroaimant pèse 34 tonnes et mesure 15 m de long.

Les deux tubes dans lesquels circulent les particules en sens contraire se croisent en 4 positions, où s'effectuent les collisions entre les deux flux. À ces positions se trouvent les 4 détecteurs qui mesurent sur images ces collisions. Ces détecteurs sont d'énormes cylindres de 46 m de long, 25 m de large, 25 m de haut, et pesant 7000 tonnes chacun.

Les particules (des protons ou des ions plomb) accomplissent 11 245 tours (de 27 km !) par seconde à une vitesse proche de celle de la lumière. Elles circulent à cette vitesse par paquets de 100 milliards de particules espacés de l'ordre d'un mètre. Et provoquent 600 millions de collisions par secondes.

Les images de ces collisions données par les énormes détecteurs sont ensuite traitées par informatique et filtrées à plusieurs niveaux. Elles fournissent à la fin 40 millions de données par seconde, qui sont ensuite réparties en temps réel à des milliers de scientifiques dans le monde entier. Ces scientifiques, dans leurs laboratoires, les traitent chacun avec leur informatique en en ayant une partie, et fournissent en retour à tous les autres laboratoires dont le CERN lui-même les résultats de leurs recherches, avec leurs découvertes de nouvelles particules et de leurs propriétés.

Outre le cyclotron lui-même, les caractéristiques de toute cette informatique et de son organisation sont exceptionnelles et gigantesques.

Il faut d'ailleurs signaler que si c'est la DARPA, l'organisme gérant la recherche de la défense américaine, qui a inventé le codage Internet, c'est le CERN qui a inventé son organisation en réseau : le World Wide Web, appelé aussi le « Web ».

Cette organisation mondiale gigantesque, est extraordinairement bien organisée aux plans technique, scientifique, humain et social.

Tout cela pour chercher, et trouver de nouveaux concepts, ici des particules ayant chacune un rôle, dont le fameux boson de Higgs qui sert à donner de la masse aux autres particules, et qui même s'il est très petit… a une importance considérable dans l'univers.

On doit classer cette organisation comme l'un des sommets de l'intelligence de la société humaine telle que nous l'avons décrite : elle mesure, cherche, comprend et fait avancer la connaissance.

C'est là encore plus sans doute l'intelligence propre de la société humaine et son organisation, que l'intelligence d'un quelconque humain, même si on prenait le chef du projet lui-même, qui n'a fait qu'organiser la logique de cette création.

Un autre système du même type existe aussi dans le domaine de l'astronomie.
L'organisation mondiale des astronomes et astrophysiciens qui travaillent par le monde dans leurs différents observatoires ou laboratoires montre une coordination mondiale fonctionnant un peu de la même façon. Chacun ou plutôt chaque groupe poursuit des recherches en s'appuyant à la fois sur ses propres moyens et les moyens mondiaux terrestres et spatiaux mis en commun.
Chacun prépare au préalable les expériences les plus importantes qu'il leur demandera. Une fois ces expériences préparées, peut-être une fois par an, les astronomes se déplacent dans l'un des différents observatoires du désert d'Atacama au Chili, ou envoient leur programme d'expériences à la NASA qui met en œuvre notamment le satellite Hubble ou maintenant le James Webb récemment lancé. Ils utilisent ensuite les vingt minutes ou plus qu'ils ont réservées à faire ces expériences, et exploitent ensuite leurs résultats dans leurs laboratoires à leur retour et pendant beaucoup plus longtemps.
Et bien sûr comme pour l'organisation du CERN, les données sont communiquées à tous les participants.
Même lorsque ces participants sont palestiniens, israéliens, iraniens ou américains !
Là encore un autre sommet de l'intelligence de la société humaine, correspondant là aussi à un programme dont le but est l'avancée des connaissances, et la description plus précise de la Réalité dans la mémoire humaine. C'est enfin la preuve que la science et l'intelligence restent au-dessus de la politique.

5.3. Le programme Rosetta-Philae

C'est à l'ESA, l'Agence spatiale européenne, au CNES, l'agence spatiale française, et au DLR, l'agence spatiale allemande, que les technologies de traitement d'image et de reconnaissance des formes ont permis de gérer efficacement la mission des sondes Rosetta et Philae qui ont exploré durant l'été 2015 la comète Tchouriomov-Guerassimenko, plus communément et simplement appelée Tchouri.

Les vues de la comète prises par Rosetta quand elle a commencé à orbiter autour de la comète ont permis aux scientifiques avec leurs ordinateurs et les méthodes précédemment décrites de dresser le relief précis et concret de sa surface.

C'est notamment sur la base de ce relief et de l'éclairement du soleil sur ce relief, qui évolue en fonction de la rotation de la comète, qu'a été décidé du meilleur endroit et du meilleur moment de l'atterrissage de Philae, larguée par Rosetta.

Le premier contact de la sonde Philae avec la comète s'est ainsi fait à peu de mètres seulement du point prévu grâce à ces calculs, et cela à plusieurs centaines de millions de kilomètres d'ici, impliquant des transmissions radio d'une demi-heure dans chaque sens.

Si son atterrissage n'a pas été totalement parfait et s'est fait en quelques petits rebonds, cela était dû probablement à un vieillissement à la température de -269 °C pendant les 10 ans du trajet des charges explosives actionnant les harpons d'accrochage, et non au mauvais calcul du relief de la comète.

Saluons ici cette expérience spatiale extraordinaire qui, malgré un atterrissage avec ces quelques rebonds qui se chiffrent en mètres, a réussi sa mission à plus de 90 %. Alors que 80 % de la mission globale prévue devait être effectués par l'orbiteur Rosetta et 20 % par la petite sonde Philae, la mission de Rosetta s'est déroulée quasiment parfaitement, et la majeure partie de la mission de Philae, a été réussie malgré son mauvais positionnement.

L'exploitation dans les mois et les années à venir de toutes les données que ces sondes ont ramenées va faire avancer considérablement notre connaissance de l'univers. Que l'on ne dise pas que la mission a été ratée à cause des rebonds !

Regardons maintenant ce programme extraordinaire Rosetta-Philae avec des yeux d'ingénieur-concepteur de grands systèmes et en même temps de philosophe.

Il a fallu pendant quelques années, et en équipe, penser à l'intérêt d'aller sur une comète pour l'analyser physiquement et chimiquement et observer ce qu'on ne peut observer ailleurs. Il s'agit en effet d'analyse sur place une matière qui n'a pas subi les modifications chimiques qui interviennent sur toutes les autres planètes et qui représente au plus près possible ce qu'était notre système planétaire, il y a des milliards d'années. Tout ceci pour avancer sur le « comment l'univers et nous-mêmes existons ».

La décision étant prise, il a fallu pendant d'autres années réfléchir ensuite sur comment y arriver, comment faire les mesures et construire les objets — la sonde orbiteur Rosetta et son petit compagnon Philae —, leur mission, les instruments de mesure, les logiciels de gestion de l'ensemble et le planning des actions pour réussir la mission. Ensuite 10 ans pour arriver sur la comète avec 4 rebonds gravitationnels autour de la Terre et de Mars, enfin les 6 mois de réalisation de la mission sur et à côté de la comète. Avant de passer encore de multiples années à venir pour dépouiller les données et comprendre un peu plus l'univers.

Il s'agit d'une suite d'actions de conception et de réalisation d'un système de reconnaissance des formes gigantesque, avec des actions multiples, d'une taille colossale et enfin d'une durée et d'un coût très importants. Cette expérience extraordinaire vaut certainement le coût de l'investissement qui y a été consacré : quelques euros ou dollars par personne pour s'approcher de la « compréhension » de l'univers.

5.4. Google

On pourrait multiplier à l'envi les exemples de telles organisations qu'on peut présenter comme des symboles de la réussite de l'intelligence humaine, au niveau de l'organisation de la société. Ne pouvant les lister tous, terminons maintenant par l'organisation la plus symbolique de cette intelligence : Google.

Il n'y a bien sûr que peu d'informations précises sur le fonctionnement profond du système Google qui est protégé par le secret industriel. Mais si on en juge d'après ses performances, on voit très vite leur considérable avancée dans la gestion du savoir humain. De plus l'étendue du domaine de connaissance est extraordinaire : il englobe tout. Avec le même désir des concepteurs que celui de ceux qui ont écrit « l'Encyclopédie » au 18° siècle, mais avec la différence que, si l'Encyclopédie couvrait un peu plus d'un mètre linéaire de livres, la base de données que Google devrait couvrir se chiffre probablement en de nombreux milliards de fois plus.

Les concepteurs sont donc obligés de gérer cette base de données de manière remarquablement intelligente, avec une arborescence complexe et une organisation et une gestion sémantique, ce qui est le rêve de tous les chercheurs en intelligence artificielle.

5.5. *Conclusion de ces exemples pour la création de l'intelligence artificielle forte*

Ce que ces exemples montrent de manière éclatante, c'est la très grande complexité de ces systèmes, des réflexions mises en œuvre pour les créer, des motivations des acteurs et l'extraordinaire multiplication de l'intelligence que ces développements impliquent. Chaque système (comme de très nombreux autres non présentés) est pourtant construit en associant des humains dont l'intelligence est pour chacun du niveau de celui de l'intelligence de nos ancêtres de la préhistoire. C'est leur assemblage parfaitement et intelligemment coordonné qui procure à la société une intelligence infiniment plus forte. Un peu comme l'intelligence de la fourmilière qui est bien plus importante que l'intelligence de chaque fourmi.

D'autres grands systèmes qui, contrairement aux précédents dont les développements se chiffrent en années, se sont développés, eux, sur de nombreuses décennies sinon plus d'un siècle. Par exemple :

- Le système de reconnaissance des empreintes digitales, qui a démarré bien avant l'invention des ordinateurs, qui a duré plus d'un siècle, et passant par de nombreux milliers d'essais et erreur.
- Le système de transport aérien civil qui a mis aussi plus d'un siècle à se développer autour principalement de l'avion lui-même pour arriver à un A321XLR et à un B737 Max qui constituent un point technologique pour l'instant relativement stabilisé.
- Le système de combat aérien qui a mis à peu près autant de temps pour se développer et qui constitue aussi, avec plusieurs types d'aéronefs, un point relativement stabilisé, malgré des complexités qui s'augmentent lentement
- Les systèmes de conduite automobile qui ont nécessité aussi une durée de développement de l'ordre du siècle, pour arriver à un certain point d'équilibre : la voiture actuelle.

Ces derniers systèmes ont été construit beaucoup plus encore que les précédents en utilisant la méthode « essai et erreur » typique de l'intelligence artificielle, et à partir d'une situation ne montrant aucun modèle global a priori, seulement des modèles partiels de fonctions particulières.

Considérons que l'ensemble de tous ces systèmes sont les résultats de l'intelligence de la société.
N'aurait-on pas intérêt alors à s'inspirer des logiques de création de ces systèmes, qui, elles, nous apparaissent clairement, pour construire les bases de l'intelligence artificielle forte ?

6. Les recherches à mener pour atteindre l'intelligence artificielle forte

Pour une intelligence artificielle forte, il faudrait donc que toutes ces fonctions en nombre extrêmement important décrites précédemment existent dans notre ordinateur, et dans tous les domaines de la connaissance, si on veut que cette intelligence artificielle forte soit aussi puissante que l'intelligence humaine.

Comment pourra-t-on arriver à construire cette intelligence artificielle forte ? Même s'il faut encore de nombreuses décennies d'efforts et d'imagination.

On peut déjà extrapoler des progrès déjà faits pendant les récentes décennies et prévoir la meilleure utilisation des outils déjà conçus avec les travaux et l'expérience des chercheurs, et l'augmentation continue des puissances des ordinateurs en vitesse, en capacité mémoire, en richesse de leurs opérations de base, et en capacité de communiquer en réseaux.

Ces évolutions sont prévisibles et constituent simplement la continuation des progrès actuels.

On peut bien sûr aussi s'appuyer sur les développements extraordinaires des organisations comme Google, qui constituent un très grand pas dans cette direction.

Néanmoins, il faut encore imaginer de nouvelles idées de construction de systèmes, amenant une nouvelle vague d'avancées et de ruptures sur l'apprentissage, aidé ou automatique, après et en complément de celle de l'apprentissage profond.

Quels sont maintenant ces grands domaines de recherche destinés à combler un jour les écarts décrits précédemment entre l'intelligence artificielle faible actuelle et l'intelligence artificielle forte proche de l'intelligence humaine ?

6.1. Le dialogue entre la machine et l'ingénieur

6.1.1. Utiliser un professeur pour l'apprentissage des concepts par l'enseignement

C'est la remarque la plus simple et la plus frappée du bon sens : la meilleure manière qu'un ordinateur apprenne quelque chose ou apprenne à agir correctement, c'est de faire ce que font les humains, avoir un professeur qui lui explique ! C'est plus rapide que de le laisser apprendre tout seul. Le temps qu'il collectionne les expériences et réfléchisse, le professeur lui aura déjà appris des milliers de choses.

Quand nous parlons de professeur, il peut s'agir d'un humain, d'un ou de plusieurs ordinateurs, d'un système à la Google, ou d'un mélange des trois.

Cet enseignement pourra d'abord lui apprendre le basique de « culture générale », ce qui est déjà absolument colossal. Il pourra ensuite partager les connaissances en domaines spécialisés adaptés à chaque machine, avec des professeurs différents et des méthodes différentes, à mettre en relation avec les univers de concepts décrits précédemment. Cela existe déjà, dans une certaine mesure, dans le cas de professeurs humains, avec le projet CYC de Douglas Lenat (1984). La base de connaissances contient actuellement plus d'un million d'assertions et de règles sur le sens commun, éléments définis par des êtres humains. Le projet développe aussi la possibilité de communiquer avec l'utilisateur en langue naturelle, afin de faciliter l'accès à la connaissance par le biais de l'apprentissage automatique. Diverses critiques ont été toutefois adressées à ce système qui garde une utilisation délicate et reste à perfectionner.

Cela permettra une meilleure organisation de ce nouvel enseignement, d'aller plus profond aussi en fonction de l'élève, et avoir l'avantage de pouvoir répartir l'intelligence et la connaissance pour que chaque machine ayant sa propre personnalité et ses propres connaissances, puisse discuter avec les autres et les humains de la même façon.

Il faut aussi analyser le mode de dialogue avec le (ou les) professeur(s). En particulier lorsque l'ordinateur, par ses méthodes d'apprentissage profond, aura détecté une forme ou un concept en construisant un opérateur qui le reconnaît « intuitivement ». Il en informera le professeur, et si c'est possible et intéressant, celui-ci lui donnera une représentation rationnelle ou plus rigoureuse de cette forme.

6.1.2. L'utilisation plus avancée des systèmes experts

Depuis quelques décennies, les chercheurs en développement de systèmes complexes ont formalisé une certaine méthodologie d'interrogation des experts humains de leur domaine, capable d'apporter leur connaissance, la méthode des « systèmes experts ». Cette méthode peut s'appliquer naturellement au problème de l'acquisition d'intelligence et de connaissances. Il devient alors possible « d'introduire dans notre ordinateur l'expérience humaine » acquise dans certains cas depuis des siècles, et donc qu'il l'« apprenne ».

Cette formalisation porte sur les faits techniques ou « base de connaissance », et de règles qui peuvent être utilisées, certaines rigoureuses, d'autres approximatives ou avec une certaine probabilité. Elle est construite pour faciliter leur transmission à l'ordinateur.

Dans le domaine de la lecture automatique de lettres par exemple, on aurait :

- Un exemple de fait technique : « les lettres à lire se situent approximativement sur une ligne horizontale »
- Un exemple de règle : « Si on reconnaît un rond, et si on reconnaît un segment, et si le segment coupe le rond en bas à droite, alors on détecte un Q ».

La lecture des lettres implique au moins des dizaines de milliers de telles règles.

On peut aussi facilement imaginer qu'un ordinateur bien programmé les lise, les mémorise et construise dans son langage interne le programme qui effectuera la reconnaissance de ces lettres.

La plupart des systèmes opérationnels que nous avons décrits précédemment n'ont pas utilisé ces méthodes parce qu'ils ont été conçus il y a de nombreuses années avant qu'elles n'existent. Si ces méthodes avaient existé, leurs développements auraient été plus rapides.

Ces méthodes systèmes-experts sont actuellement de plus en plus employées pour les développements de nouveaux systèmes informatiques en dehors de l'intelligence artificielle. Mais il faut encore les améliorer :

- En les rendant plus conviviaux et faciles d'emploi. Cela peut être lié en particulier aux progrès prévisibles dans la compréhension des langues naturelles. Avec un processus de dialogue, l'ordinateur pouvant demander de l'aide et des informations à l'humain, et l'humain lui en fournir même quand l'ordinateur ne lui en demande pas.
- En les rendant capables (ce n'est pas le cas aujourd'hui) de gérer un nombre beaucoup plus grand de règles, que celui qui dimensionne les utilisations actuelles. Pour ce faire, on pourra trouver des méthodes liées à l'intelligence artificielle symbolique permettant de gérer ces règles, et d'aider la mise au point et la maintenance des systèmes.

6.1.3. La socialisation des professeurs experts

Pourquoi ne pas utiliser une organisation « Wiki » pour que, domaine par domaine, les experts puissent donner leurs expertises à l'ordinateur et ses bases de données ? Avec des ordinateurs organisés en *big data* et *cloud*, des centaines ou des milliers d'experts pourraient informer cette structure et la consulter. La mise en place d'une telle organisation nécessite non seulement de la recherche et des idées, mais aussi un développement long et difficile, un budget conséquent et une organisation sociale adaptée.

6.1.4. La condition nécessaire pour que cet « enseignement » soit possible

Pour la réussite de ces méthodes et actions, il est nécessaire d'avoir à la disposition de tous, élèves et professeurs, un langage commun support de cet enseignement. Cela mérite un travail extrêmement important, avec des études profondes d'efficacité dans le signifiant et dans la facilité d'emploi, surtout pour le professeur. C'est un travail préalable qui pourra se chiffrer en décennies, et en dizaines ou centaines de millions de dollars ou d'euros, mais il reste à notre avis totalement nécessaire.

Il manque par ailleurs à ces systèmes ce qui fait la caractéristique essentielle de l'expert humain : la faculté de changer ses plans et de s'adapter lors de la rencontre d'une situation imprévue.

En outre, un point délicat pour utiliser des « professeurs experts » est que leurs connaissances sont souvent implicites et inconscientes et qu'ils peuvent avoir beaucoup de mal à les verbaliser.

6.2. L'apprentissage automatique en complément de l'apprentissage humain

Aujourd'hui le domaine le plus proche de ces types de recherche est celui du *data mining*[34], c'est-à-dire le traitement élaboré de grandes masses de données statistiques, permettant de découvrir de nouveaux concepts ou des faits cachés pouvant aider au marketing commercial ou politique.

Pour l'instant ces traitements sont exécutés par ordinateur. L'intelligence du choix des paramètres et des décisions après traitements reste encore humaine. Mais il s'agit bien de la détection de nouveaux concepts. Les solutions de notre problématique peuvent certainement être considérées comme une extension de ces méthodes et s'en inspirer.

Pour résoudre un jour le problème général de l'apprentissage de l'intelligence artificielle forte, il devrait y avoir deux voies à suivre en cohérence :

- D'une part, voyant le nombre colossal de formes et de notions qu'une entité intelligente, et du même niveau d'intelligence qu'un humain, doit connaître, il est clair qu'on ne peut se passer au départ de l'apprentissage par professeurs et experts qui devraient, pour de nombreux d'entre eux, passer un temps considérable pour inculquer les différentes descriptions des formes et notions qu'on veut pouvoir être utilisées par cette entité. D'où la grande importance du paragraphe précédent.
- D'autre part, dans le cas où les formes (ou concepts) dont on a détecté la probabilité d'exister sont inconnues ou difficilement définies formellement par le professeur, celui-ci pourra être obligé de se faire aider par l'ordinateur lui-même pour trouver ces descriptions. Dans ce cas, l'ordinateur, avec ou non le professeur, pourra utiliser des recherches aléatoires ou dirigées et avec sélection par fonction d'évaluation comme l'information utile.

34. Voir le paragraphe 4.3 du chapitre 4

Ce processus constitue le but même des recherches à mener en apprentissage automatique des opérateurs logiques et non intuitifs, définissant les descriptions formelles de nouvelles formes ou de nouveaux concepts.

Les méthodes pour y arriver sont certainement multiples. Néanmoins, une continuation des recherches sur l'apprentissage profond devrait de toute façon se faire, en incluant maintenant par exemple les opérateurs d'action du type « aller chercher une forme de tel type et prendre certains de ses paramètres comme entrées autres opérateurs ». Pourquoi ne pas utiliser aussi plus formellement des mesures fondées sur les probabilités, les probabilités conditionnelles et les corrélations, en utilisant les propriétés remarquables de l'information, de l'information utile et de l'entropie ?

6.3. Les opérateurs et apprentissages adaptés à l'environnement et aux problèmes

De multiples outils existent pour aider à la construction de l'intelligence artificielle : les formalismes (logiques classiques, floues, modales, non monotones…), la programmation par contraintes, les algorithmes génétiques, les raisonnements par analogie, les systèmes multi-agents… Il paraît probable que ces méthodes de construction aidées par un professeur ou d'amélioration de l'apprentissage par l'ordinateur lui-même sur données fournies, puissent ou doivent être adaptées aux différents environnements possibles. On retrouve ici les réseaux d'ensemble de concepts ou d'univers décrits précédemment[35]. Il y a en effet une corrélation totale entre les concepts avec leur organisation, et les opérateurs qui les reconnaissent et qui les recherchent.

Il s'agirait de disposer d'un « Meccano » d'outils adaptés à chacun des ensembles de concepts dont nous avons parlé.

Par exemple, s'il s'agit d'un univers 3D, comme la reconnaissance de visages, ou de bateau, ou d'avions, ou de paysages, ou d'animaux… on a intérêt à utiliser les outils géométriques, les angles, les distances, les fonctions trigonométriques…

Quand il ne s'agit pas d'un univers 3D, qu'il s'agisse par exemple de l'analyse microscopique de cellules cancéreuses, ou de l'analyse de la forme d'un nuage ou de données météorologiques, les fonctions à créer ainsi seraient adaptées à cet environnement.

De même, s'il s'agit de l'univers permettant la conduite automatique, ou de l'univers déduit de l'observation d'une image de satellite pour la détection les caractéristiques des récoltes…

---

35. Paragraphe 3.3

On pourra donc concevoir des centaines ou des milliers de sous-domaines ou univers, qui pourraient correspondre à des « écoles » d'apprentissage différentes comme on l'a vu, avec des algorithmes permettant de passer d'un domaine à l'autre en fonction de l'environnement et des buts qui ont été assignés à l'ordinateur. Ces algorithmes feraient partie d'un sur-ensemble de concepts qui seraient enseignés par des professeurs d'enseignement général comme étant ce que nous avons appelé précédemment[36]le basique.

Il semble aussi qu'une fois ce type de méthode validé, les méthodes ou écoles d'apprentissages qui se développeront alors soient des méthodes hiérarchiques comme les opérateurs eux-mêmes, se décomposant et utilisant des sous-méthodes adaptées à de multiples environnements, correspondant à l'organisation des univers de l'intelligence.

6.4. L'optimisation interne du contenu de la machine

Des recherches importantes sont à faire sur la manière dont un gros ordinateur construit pour l'intelligence artificielle peut optimiser ses données, leur gestion, les algorithmes qu'il utilise, domaine par domaine, mais aussi globalement. C'est à faire de préférence en parallèle avec les recherches précédentes et en liaison étroite avec elles. Les formes et concepts détectés comme étant parties de la réalité peuvent avoir en effet dans l'ordinateur une représentation similaire ou, en tout cas, corrélée à leurs définitions telles que détectées. Cela permettrait un meilleur mode de mémorisation et une meilleure reconnaissance possible ultérieure de ces formes et concepts.

Les chercheurs en physiologie cérébrale observent un phénomène voisin dans leur cartographie du cerveau faite par résonance magnétique nucléaire, pendant les stimulations de certaines sensations et certaines idées. Ils observent que ce sont les mêmes zones qui travaillent pour les sensations-compréhensions et les actions correspondant au même sujet. Par exemple, ce sont les mêmes zones stimulées chez un musicien quand il écoute ou joue les mêmes morceaux.

Il faudra aussi que les ordinateurs « remettent de l'ordre dans leurs idées » de manière périodique, pour éliminer les éléments de mémoire non utilisés suffisamment et réorganiser les autres. Est-ce que la machine s'arrêtera de fonctionner périodiquement pour ces opérations ? Pourquoi pas pendant la nuit ? On amènerait alors la machine à dormir et à rêver ![37]

Tout cela prendra sans doute encore de très nombreuses décennies, tenant compte peut-être de l'expérience des organisations informatiques comme Google et Baidu.

---

36. Paragraphe 6.1
37. Nous rêvons probablement !

7. Vers l'intelligence artificielle forte ; 1er exemple : la compréhension automatique des langues

7.1. Le premier programme réalisé.

Nous allons commencer par décrire ici un des premiers programmes significatifs qui résout en grande partie, mais dans un univers particulier et bien limité, certains aspects du problème de la compréhension des langues naturelles par un ordinateur.

Précédemment, quelques programmes, fondés sur la connaissance de quelques mots-clefs et d'un nombre limité de règles syntaxiques, permettaient d'exécuter certaines tâches utilisant le langage. Les plus connus de ces programmes sont : Baseball (Green 1960), Student (Bobrow 1968) et Eliza (Weizenbaum 1966). Ils ne traitent pas vraiment de problèmes fondamentaux du langage, mais ont permis de relancer les recherches dans ce domaine.

Après ces essais pourtant prometteurs, le programme que nous décrivons ci-après a vraiment fait effectuer un saut visible dans ces recherches. C'est celui que Terry Winograd[38] a écrit quand il était au Massachussets Institute of Technology (MIT) étudiant de Marvin Minsky et Seymour Papert, à la fin des années 1960. Ce programme comprenait le langage écrit humain correspondant à un univers restreint qu'il a inventé, de boîtes, de pyramides, de cônes et de cubes, de tailles et de couleurs différentes.

Il avait appelé son programme SHRDLU[39]. Ce programme permettait un dialogue en anglais entre un humain et l'ordinateur, pour une compréhension mutuelle de ce qui pouvait se passer dans cet univers restreint dans lequel les mouvements, les positions et les constructions de ces éléments variaient. Ce monde est simulé à l'écran et le programme possède toutes les informations sur la position et les caractéristiques de chaque objet. SHRDLU comprenait les ordres, analysait s'ils étaient possibles, et se souvenait de ce qui s'était passé au préalable.

---

38. J'ai découvert (CR) le programme de Winograd lors de ma visite au MIT pour faire une conférence invitée en septembre 1971. Terry était un jeune étudiant fou de 25 ans à l'époque, qui avait dans son bureau un vélo pour aller plus rapidement où il voulait aller, et un lit en permanence pour les cas où il avait une idée soudaine qui le poussait à travailler la nuit dans ce bureau.

Il a continué avec grand succès ses recherches sur la compréhension des langues naturelles et a fait avancer cette science considérablement.

J'espère qu'il est toujours aussi fou et génial maintenant.

39. Le nom de SHRDLU vient de la suite de caractères ETAOIN SHRDLU, qui est la suite, par ordre décroissant, des lettres de l'alphabet anglais dont la fréquence est la plus élevée. Par souci de rapidité, ces lettres formaient les deux premières colonnes des claviers des machines Linotype de l'époque.

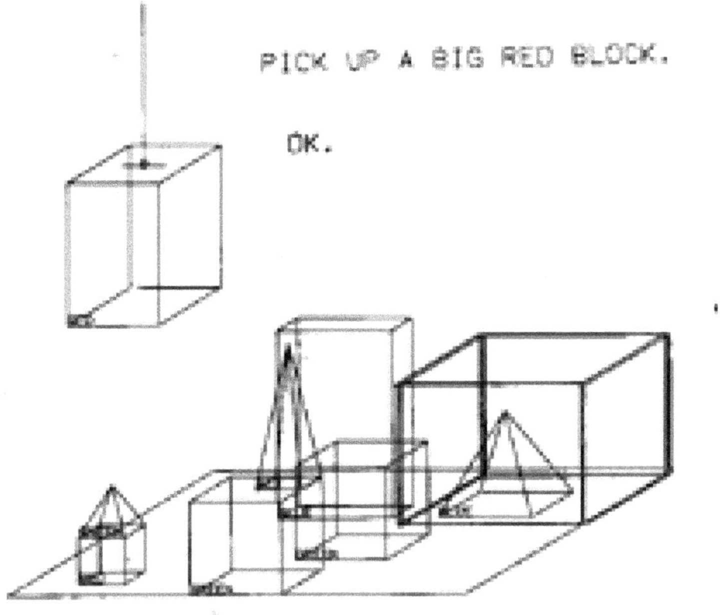

Fig.15 : L'écran du programme de Terry Winograd, simulant le monde de blocs de SHRDLU

Un exemple connu d'une telle conversation est le suivant :

« La personne : Prends un gros bloc rouge
SHRDLU : OK.
La personne : Attrape la pyramide.
SHRDLU : Je ne comprends pas de quelle pyramide vous parlez.
La personne (changeant d'avis) : Trouve un bloc plus grand que celui que tu tiens et mets-le dans la boîte.
SHRDLU : Par « le », je suppose que vous voulez dire « le bloc plus grand que celui que je tiens ».
SHRDLU : OK
La personne : Que contient la boîte ?
SHRDLU : La pyramide bleue et le bloc.
La personne : Qu'est-ce qui supporte la pyramide ?
SHRDLU : La boîte.
La personne : Combien de blocs ne sont pas dans la boîte ?
SHRDLU : Quatre d'entre eux.
La personne : Est-ce qu'au moins un d'entre eux est plus petit que celui que je t'ai dit de prendre ?
SHRDLU : Oui, le bloc rouge.
etc. »

Le programme contient un analyseur, une grammaire de reconnaissance de l'anglais, des programmes d'analyse sémantique et un système général de résolution de problèmes. L'originalité du système est de faire collaborer ces modules, séparés physiquement, mais qui peuvent interagir à tout moment (ce qui était tout à fait nouveau par rapport au modèle en série, classique à l'époque).

En outre, les connaissances dans ce système sont représentées par des procédures, plutôt que sous la forme de règles ou de modèles. Dans ce système procédural, les connaissances sont donc contenues dans des programmes attachés à des tâches spécifiques, qui savent comment agir dans des situations précises. Le sens est alors la description des actions à réaliser pour trouver un objet correspondant à une expression linguistique. Un des intérêts de ce type de représentation est son unité et sa rapidité d'exécution, mais ces connaissances sont implicites dans les procédures compilées ; il est donc difficile d'y accéder et elles manquent de généralité.[40]

Depuis cette expérience magnifique, on n'a plus construit pendant des années de tels programmes mariant à la fois la gestion d'un micro-monde d'objets et le monde des dialogues possibles permettant cette gestion. Il y a plusieurs raisons à cela :

- D'abord le micro-monde en question était restreint, et en particulier infiniment plus restreint que les mondes qui peuvent donner lieu à exploitation commerciale. Il était aussi et surtout fermé, sans lien externe avec l'extérieur. Tous les objets et leurs relations étaient connus, les actions possibles aussi, ainsi que le vocabulaire permettant de les décrire.
- Les mondes qui auraient des applications commerciales, outre leur taille, impliquent des situations ou actions qui donnent très souvent lieu à de nombreuses ambiguïtés dans le discours, non connues *a priori* et qu'il est extrêmement difficile de traiter en ordinateur.
- Enfin, et c'est un problème général dans cette discipline, au bout de quelques années, un tel programme devient obsolète : le hardware n'est plus maintenu, le logiciel non plus, les langages ont été remplacés, et il faut tout recommencer *ab initio*. Il y aurait eu un intérêt économique, on l'aurait fait ; mais ici, ce n'était que de la recherche et le but était de prouver la validité des idées. Il était atteint.

---

40. À l'opposé, un système déclaratif est constitué d'une base de faits (propres à un domaine spécifique) et d'un module de déduction, le plus général possible, produisant de nouveaux faits. L'avantage est la modularité (il suffit de changer la base de faits pour traiter un autre domaine), et l'inconvénient est la lenteur d'exécution et la difficulté de gérer une base de faits complexe.
Par cette première distinction théorique entre connaissances procédurales et déclaratives, Winograd a déclenché une controverse sur la meilleure façon de coder des connaissances.

Néanmoins, le besoin de recherche dans le domaine de la compréhension du langage est énorme : il s'agit tout simplement d'améliorer fondamentalement ce qu'on appelle l'interface humain-machine, qui autoriserait une facilité bien supérieure qu'actuellement à dialoguer avec les ordinateurs et éviter des pertes de temps et d'efficacité considérables.

Ce besoin a amené depuis quelques décennies de nombreuses équipes à travailler sur le sujet. Les investissements alloués ont été et sont extrêmement importants.

7.2. *Quelques idées sur la suite du traitement automatique des langues*

Après les recherches sur la reconnaissance des sons et des mots parlés, les recherches sur la grammaire et la syntaxe, et les recherches sur d'autres mondes particuliers que ceux de Winograd, les avancées les plus significatives sont sur la sémantique, le fonds du langage. Il faut citer en particulier les travaux de Roger Schank et Yorick Wilks, ainsi que ceux de Marvin Minsky et d'Eugene Charniak.

Durant les années soixante-dix, diverses expériences, dont MARGIE (Schank 1973), visèrent à réaliser une analyse dirigée par la sémantique, la syntaxe restant implicite.

C'est ainsi qu'à contre-courant des travaux sur les syntaxes et les grammaires (Noam Chomsky notamment), Schank propose une approche essentiellement conceptuelle et sémantique de la compréhension des langues naturelles (« Oublier les mots au profit des concepts… »).

Plus tard, Paul Grice (un linguiste, philosophe du langage) modélisait la communication et énonçait sa théorie de la conversation, introduisant les notions d'interprétation et de ce qui est dit par rapport à ce qui est implicite (le sens naturel — ou littéral — et la signification, issue de la conversation).

Ces recherches ont entraîné celles de Dan Sperber (un philosophe et anthropologue français) et Deirdre Wilson (une linguiste britannique) dans les années 80, 90 et 2000 sur la théorie de la pertinence.

Plus récemment, IBM a développé le programme *Watson* qui a gagné au jeu télévisé Jeopardy ! contre les deux champions de l'époque, Ken Jennings et Brad Rutter en février 2011.

7.3. Les premiers travaux

Après la première conférence sur la traduction automatique de 1952 (Bar Hillel), l'expérience Georgetown-IBM en 1954 déclenche véritablement l'approfondissement du sujet : IBM et l'Université de Georgetown ont créé le premier programme informatique capable de traduire une soixantaine de phrases du russe vers l'anglais, grâce à une machine surnommée « le cerveau ».

Malgré le rapport Alpac (1966) qui souligne de façon très critique que les objectifs excessivement optimistes de ces débuts ne sont pas atteints, les travaux dans ce domaine se poursuivent, essentiellement au MIT. Nous avons évoqué ces premiers systèmes de traitement de la langue dans le paragraphe 2.3 (*La compréhension des langues naturelles : le premier programme réalisé*). Nous n'y reviendrons pas.

À cette époque, deux approches ont été marquantes et ont clairement relancé le traitement automatique des langues en approfondissant les questions de sémantique et de dialogue personne-machine : (Winograd 1972) que nous avons exposé au paragraphe 7.1 ci-dessus et (Schank 1972), suivi dans le même esprit par Wilks (1973).

7.4. Les approches de l'intelligence artificielle classique

À contre-courant des travaux sur les syntaxes et les grammaires (Chomsky notamment[41]), Schank propose une approche essentiellement conceptuelle de la compréhension des langues naturelles (« oublier les mots au profit des concepts… »). Pour lui, la notion de dépendance conceptuelle reflète le niveau de pensée qui sous-tend le langage. Elle vise l'universalité en produisant une représentation indépendante de la langue comme de l'application visée.

Ces représentations sont fondées sur des primitives sémantiques : onze concepts de base qui servent à décrire l'ensemble des actions possibles (au sens large : actions physiques, abstraites ou actes mentaux). Ces derniers se fondent sur un modèle élaboré de la mémoire. La compréhension d'une proposition implique la reconnaissance de l'action de base, des concepts exprimés et des liens qu'ils entretiennent (rôles conceptuels). Ces éléments de base sont complétés par des modalités et des relations de causalité, pour les phrases complexes.

---

41. Chomsky (1957) a conçu la théorie des grammaires formelles qui a marqué fortement la recherche en linguistique. Cette théorie, essentiellement syntaxique, se veut une formalisation de la compétence linguistique d'un individu. Bien qu'ayant subi divers avatars (grammaires transformationnelles, théorie standard étendue, théorie des traces, gouvernement et liage), elle reste difficile à mettre en pratique et n'est pas toujours adéquate pour un traitement dans le cadre de l'intelligence artificielle.

Dans ces réalisations, le rôle de la syntaxe est considéré comme secondaire. Les limites de ces programmes, capables d'effectuer des raisonnements non triviaux, résident dans leurs difficultés à lier réellement les phrases d'un discours. L'importance du contexte et le rôle essentiel d'une bonne connaissance du domaine traité pour comprendre un texte sont alors mis en avant : on ne se limite plus au seul sens objectif et on remarque que la signification subjective dépend étroitement d'informations implicites qui font partie des connaissances générales des interlocuteurs.

Celles-ci peuvent être représentées dans des unités élémentaires (*demons*) liées aux systèmes à règles de production ou grâce à toutes les structures dérivées de la notion de stéréotype et de schéma. Les idées importantes pour ce propos sont issues des travaux de Minsky (1974) qui conçoit un cadre général de représentation des connaissances : les *frames*. Parmi les travaux allant dans le même sens, citons (Schank et Abelson 1977) qui ont identifié clairement les diverses connaissances nécessaires à un système de compréhension.

Les recherches ont alors cessé de se limiter à la compréhension de phrases seules pour aborder le traitement d'unités plus importantes comme les récits et les dialogues et à intégrer divers aspects pragmatiques. Nous renvoyons pour plus de détails sur ces approches, essentiellement classiques à *L'intelligence artificielle et le langage* (Sabah 1988, 1989).

Des méthodes statistiques ont ensuite progressé efficacement, essentiellement pour la reconnaissance de la langue parlée (modèles de Markov [1907]) ; elles ont ensuite été appliquées à la langue écrite, permettant de pallier le manque de robustesse des méthodes symboliques. Les raisons qui ont permis cette évolution sont principalement l'existence d'un grand nombre de textes numérisés, la baisse des prix de l'espace disque et le développement des méthodes d'évaluation des systèmes sur des données réelles. Toutefois, les études statistiques de corpus permettent certes de révéler les règles générales, mais ne donnent pas le moyen de traiter les cas particuliers.

Ainsi, le traitement automatique des langues a évolué des positions plutôt formalistes des investigations théoriques vers l'utilisation de techniques à base de statistiques (traitement des grands corpus, la constitution de mémoires de traduction et les processus d'acquisition), où la compréhension ou sa simulation sont moins présentes et où une grande partie de l'interprétation sémantique reste du ressort de l'humain.

Récemment IBM a développé le système Watson (Ferrucci 2010), dédié au jeu Jeopardy. Ce jeu consiste à comprendre ce que dit l'animateur, prendre la main le plus rapidement possible, trouver et indiquer la question la plus adaptée dont la réponse est ce qu'on lui dit. Puis choisir le thème de la question suivante et le montant correspondant à gagner. Par exemple : à « un écrivain dont le héros est Hercule Poirot », il faut répondre : « qui est Agatha Christie ? ».

Sans doute entraîné par le succès de son ordinateur *Deep Blue* gagnant aux échecs contre le champion du monde Kasparov, ce programme est issu du *DeepQA research project*. Watson utilisait un ordinateur assemblé spécialement pour le jeu à partir de 90 serveurs *Power 750* d'IBM Power Systems, se traduisant en 2880 cœurs de *Power7* et 15 To (téraoctets) de mémoire vive. Watson n'a rien d'un micro : le programme répond en quelques secondes, alors que

> « S'ils tournaient sur un micro-ordinateur de bureau, les logiciels mettraient des heures pour répondre à une question » affirme-t-on chez IBM.

Comme ses adversaires, Watson n'avait pas accès à Internet, mais avait tout de même un avantage certain : IBM avoue que Watson disposait d'une antisèche équivalente à 200 millions de pages d'encyclopédies, de dictionnaires, de livres, d'articles de journaux, de scénarios de films et tutti quanti (soit des millions de documents, des dictionnaires, des encyclopédies, la Bible, beaucoup de Shakespeare…).

Les technologies les plus difficiles qui ont été résolues sont bien sûr la compréhension de la question, l'intelligence du pilotage de la recherche des bonnes données pour répondre tenant compte de la rapidité obligatoire de cette réponse, et la mise en forme de la réponse.

Pendant toute la phase de préparation, Watson a « appris » de ses échecs. S'il se trompe sur une réponse en ayant utilisé tel algorithme, il lui fera moins confiance à l'avenir pour une autre question similaire. La plus grande réussite, c'est qu'il est capable d'analyser tout seul les documents qu'on lui a fournis et de décider s'ils contiennent des connaissances potentiellement utiles pour Jeopardy.

Watson est-il intelligent ?

Oui et non. Il est intelligent, mais pas conscient. Il est intelligent dans le sens où il peut accomplir des tâches dont nous ne sommes pas capables. Il est également capable d'apprendre par lui-même sans que nous ayons besoin de formater les documents dans un langage machine structuré. Mais il ne fait que suivre les algorithmes qui ont été programmés.

On touche aux limites du test de Turing ! Il ne faut pas confondre intelligence et culture !

Une approche encore plus récente, fondée sur l'apprentissage profond, les réseaux de neurones formels et les masses de données (explicités au paragraphe 1.3 du chapitre 3) apporte un point de vue totalement différent. Nous nous concentrerons ici sur l'utilisation de ces méthodes en compréhension automatique des langues.

7.5. *Apprentissage profond et masses de données*

Chaque jour, 2,5 trillions d'octets de données ($2{,}5*10^{18}$) sont produits avec une accélération telle que 90 % des données actuelles dans le monde ont été créées au cours des deux dernières années seulement ! Ces gros corpus ont permis une amélioration considérable des programmes de traitement automatique des langues : ils montrent les difficultés qu'on rencontre dans le traitement de textes réels tout-venant (constructions spécifiques d'un domaine, particularités des textes techniques et scientifiques, etc.), ce qui a permis de développer des outils de traitement plus robustes. Ces masses immenses de données (*Big data*) sont essentiellement exploitées par des réseaux de neurones.

L'apprentissage en profondeur (*deep learning*) a introduit dans ces réseaux une multitude de couches internes, et les réseaux de neurones convolutifs (des réseaux de neurones classiques, précédés d'un autre réseau qui extrait automatiquement des caractéristiques pertinentes) autorisent l'émergence de concepts intermédiaires pertinents pour la tâche envisagée et permettent d'opérer rapidement des classifications et d'apprendre à les améliorer. Leur élaboration et leur mise en œuvre sont dues à l'augmentation des puissances de calcul et à l'utilisation des puces graphiques en parallèle.

Particulièrement adaptés au traitement d'images, ces réseaux sont également utiles dans le traitement automatique des langues, particulièrement pour la transformation de textes en données numériques, en vecteurs par exemple, avec Word2vec 2012 ou GloVe 2014, permettant d'introduire des informations sémantiques dans ces vecteurs de très grandes dimensions

[https://code.google.com/archive/p/word2vec/]
[https://nlp.stanford.edu/projects/glove/].

Ces réseaux se sont révélés très efficaces dans le traitement des dépendances temporelles locales, mais sont médiocres pour traiter des dépendances à longues distances. Une première amélioration a consisté à introduire une unité supplémentaire chargée de stocker les dépendances à long terme. Puis, en remplaçant, dans les réseaux de neurones convolutifs, les filtres 2D du traitement d'images par des filtres 1D pour le traitement des langues, ces modèles ont pu apprendre de plus en plus de caractéristiques abstraites, grâce au fait qu'un vecteur d'entrée (environ 300 dimensions) contient beaucoup plus d'informations qu'un seul pixel, d'où des réseaux moins profonds que pour des images.[42]

---

42 Ils sont maintenant appliqués
- à l'analyse des sentiments et émotions décrits dans un texte : (http://ieeexplore.ieee.org/stamp/stamp.jsp?arnumber=8244338), et son résumé (http://arxiv.org/pdf/1602.06023.pdf)
- et aux systèmes de question-réponse

8. Vers l'intelligence artificielle forte ; 2e exemple : la conscience dans les ordinateurs

8.1. Pourquoi des fonctionnalités de conscience chez les ordinateurs ?

Longtemps, les chercheurs en intelligence artificielle et en sciences cognitives se sont gardés d'aborder le thème de la conscience, qui apparaissait comme une notion trop vague pour permettre une étude réellement scientifique. Ainsi, Bertrand Russell (1919)[43] prétendait les résultats de l'introspection scientifiquement inutilisables, car n'obéissant pas aux lois physiques. De même, le behaviourisme, voulant fonder la psychologie comme science exacte, exclut toute notion d'état mental, et rejette ce qui concerne la conscience comme fondamentalement hors de son domaine.

Plus tard, Pylyshyn (1984) — suivi par (Eckardt 1993) — tente de fonder la science cognitive comme le domaine des perceptions et des connaissances avec un niveau de représentation où l'on fait abstraction des facteurs sociaux et des aspects émotionnels (ce *cognitivisme classique* est clairement explicité dans [Garned 1985]). Ces hypothèses ont suscité des réactions hostiles et diverses remises en cause : Edelman argumente violemment à propos des affirmations arbitraires sur la structure du monde et les mécanismes de catégorisation que ces hypothèses supposent (Edelman 1992) ; il se fonde en particulier sur Rosch (1975, 1977) qui avait montré que le monde n'est pas structuré en catégories classiques, catégories que nos perceptions nous indiqueraient telles quelles. Par ailleurs, Searle estime scandaleux qu'une science qui se veut étudier l'esprit ignore les aspects liés à la conscience (Searle 1992).

Ainsi, la Science Cognitive, vue comme la science de l'esprit, ne peut négliger les *facteurs sociaux*, les *aspects émotionnels* et la *conscience*. Quelques livres, sortis au début des années quatre-vingt-dix (Edelman, Rosenfield, Dennett, Varela et d'autres), se fondent sur l'idée commune que divers signes, biologiques et psychologiques, indiquent non seulement qu'une meilleure compréhension de la conscience est possible, mais qu'elle est nécessaire pour la compréhension de la cognition en général.

(https://einstein.ai/research/state-of-the-art-deep-learning-model-for-question-answering)

- en génération (https://deepmind.com/blog/wavenet-generative-model-raw-audio/).

43 Les références indiquées dans ce texte sont précisées dans la bibliographie en fin d'ouvrage

Il convient ensuite de souligner l'ambiguïté de cette notion, dont une bonne illustration est donnée par sa traduction en anglais : quand on parle de la *conscience* pour qualifier l'état d'éveil par rapport au *sommeil ou au coma*, l'anglais emploiera le mot *awakeness* pour la conscience de *telle ou telle information particulière* ; il emploiera le mot *awareness* pour la *conscience d'être soi-même* ; pour avoir la connaissance de ses propres connaissances et la perception de sa propre activité psychique, le mot *consciousness* ; enfin, pour la *conscience morale* pour la faculté de porter des jugements de valeur sur ses actes, le mot *conscience*. Sans parler de conscience professionnelle, ni de liberté de conscience, ou autres...

8.2. Processus conscients — processus inconscients

On peut également souligner l'existence de deux types fondamentalement distincts de processus mentaux. Lorsque nous pensons, soit nous pouvons dire quelque chose de la façon dont certaines opérations ont été effectuées ainsi que de leurs interactions (nous appellerons de tels processus *conscients*), soit on ne se rend compte que de leur résultat (*inconscients*, ils agissent alors uniquement comme machines logiques, par une activité qui relève du réflexe). Comme le souligne Baars (1988), les deux types de processus s'opposent clairement : les processus conscients sont relativement inefficaces, en ce sens qu'ils font des erreurs, qu'ils sont peu rapides, et interfèrent avec d'autres processus conscients ; ils traitent des volumes limités de données et fonctionnent de façon sérielle. En revanche, ils ont une grande cohérence interne et traitent des contenus très variés. D'un autre côté, les processus inconscients sont efficaces pour leur tâche spécifique (ils font peu d'erreurs, sont rapides, et ne présentent pas d'interférences entre eux ; ils traitent de grands volumes, très divers, et peuvent opérer en parallèle) en revanche, ils abordent des domaines limités et sont inefficaces en dehors de leur domaine.

Chez l'être humain, on peut distinguer deux types de mémoire assez indépendants : une mémoire très agile, mais de faible portée dont le contenu se renouvelle constamment, et où ont lieu les opérations interprétatives (la *mémoire volatile*), et une mémoire plus stable, qui persiste dans le temps et qui conserve les résultats de ces opérations (la *mémoire à long terme*). La mémoire volatile peut se diviser à son tour en une partie consciente réduite (la *mémoire à court terme*), et une partie subliminaire, un peu plus large (*mémoire de travail*). La mémoire à court terme est relativement limitée (certains auteurs parlent de sept registres [Miller 1956]) : pour réutiliser les structures mentales qui n'y sont plus disponibles, il faut qu'elles aient été sauvegardées dans la mémoire à long terme.

Si l'on admet que les connaissances auxquelles on accède fréquemment ont tendance à devenir plus accessibles, lors de raisonnements subliminaires (en parallèle), les interprétations utilisant ces connaissances progressent alors plus vite (induisant ainsi une encore plus grande fréquence d'accès : un phénomène de rétroaction positive). Ces propriétés dynamiques de la mémoire et le parallélisme de l'analyse suffisent à expliquer l'émergence des interprétations les plus pertinentes : elles rivalisent entre elles pour occuper une mémoire de travail très limitée ; elles ne s'opposent pas structurellement, mais procéduralement, à travers leur concurrence pour occuper la mémoire. Les interprétations sont développées avec une vitesse variable qui dépend de la plausibilité de la branche explorée, c'est-à-dire, en dernier lieu, de l'accessibilité des connaissances qui l'étayent. L'état du contexte cognitif agit alors comme un faisceau d'hypothèses qui favorise l'essor des interprétations les plus cohérentes.

Ainsi, grâce à ces automatismes subliminaires, on obtient une modélisation plus réaliste des inférences spontanées non contrôlées qui aident à faire passer l'information du niveau perceptif subliminaire au niveau conscient.

Bien entendu, la pensée rationnelle participe aussi à tout raisonnement, mais seulement après une telle réflexion spontanée.

On peut faire l'hypothèse que les entités contenues dans la mémoire de travail sont transférées vers la mémoire à court terme (*c'est-à-dire, deviennent conscientes*) quand elles dépassent un certain seuil de persistance qui dépend de leur accessibilité et de la durée de leur présence. Ce transfert, qui concerne en général une seule interprétation à la fois, rend compte de l'impression de sens. Les interprétations sont perçues globalement. Elles apparaissent brusquement (*pop-out*) comme des unités déjà constituées, après quoi elles peuvent devenir les éléments de base d'une simulation logique de la pensée rationnelle (indispensable dans le cas d'un système actif, en particulier pour lui donner une capacité de planification).

Pour contrôler l'application des règles de raisonnement, et éviter ainsi les risques d'explosion combinatoire, l'approche purement rationnelle propose l'utilisation de méta-connaissances (Pitrat 1990). Cependant, certains conflits, certaines ambiguïtés semblent très difficiles à prévoir au moyen d'un raisonnement logique, et encore plus à arbitrer. L'approche proposée ici avec la collaboration de processus subliminaux et de processus conscients permet de résoudre ces conflits automatiquement, sans avoir à expliciter de règles de résolution.

8.3. Quatre propriétés de la conscience

(Harth 1993) affecte à la conscience les attributs suivants : sélectivité, exclusivité, enchaînement et unité.

- ***Sélectivité***. Le fait que parmi l'ensemble des activités nerveuses, tout n'arrive pas à la conscience (perceptions, sensations, sentiments — cf. paragraphe précédent). Ainsi, une fonction de la conscience (liée au libre arbitre) serait de sélectionner parmi les éléments aléatoires ceux qui peuvent mener à des pensées intéressantes.
- ***Exclusivité***. On ne peut être conscient que d'une chose à la fois (cf. par exemple les deux figures bien connues, où on reconnaît à volonté un canard ou un lapin, mais pas les deux simultanément, ou encore une jeune femme ou une tête de vieille femme). La conscience produit donc un effet de séquentialisation (ainsi, on peut rendre conscient ce qu'on ferait en tant que machine de von Neumann classique, mais pas en tant que machine parallèle). Or, manifestement des activités diverses se déroulent en parallèle dans le cerveau ; tous les niveaux de traitement ne peuvent donc pas être conscients.
- ***Enchaînement***. Conséquence des points précédents, les événements conscients sont traités en série et divers liens entre eux sont (re)construits. Par là même, la conscience a une fonction constructive qui consiste à remettre ensemble des résultats disparates produits par les processus inconscients.
- ***Unité***. Ce qui fait que l'esprit est un tout et ce qui unit tous les éléments du monde extérieur. Pour ce faire, la conscience recrée ou modifie aussi bien les résultats des perceptions que les données elles-mêmes : dans une expérience où un point vert s'allume quelques dixièmes de seconde après un point rouge situé quelques centimètres à sa gauche, on construit systématiquement un point intermédiaire allant de l'un à l'autre et changeant de couleur au milieu.

Partant de là, et à propos des deux éléments précédents, Dennet oppose une vision *stalinienne* (sic) de la conscience (on efface les événements qui ne conviennent pas, ou on les modifie) à une image *orwellienne* (re-sic) (on reconstruit des représentations d'événements qui n'ont jamais eu lieu) sans décider laquelle est la plus pertinente (Dennett1993).

8.4. *Utilité de la conscience*

La conscience est bien entendu utile pour l'être humain et elle est également utile pour comprendre le fonctionnement de l'être humain ; elle a donc également toutes les chances d'être utile pour l'intelligence artificielle. S'il n'est pas nécessaire en intelligence artificielle d'imiter le fonctionnement de l'homme, il est souvent utile de s'en inspirer.

La conscience réflexive, c'est-à-dire la capacité de s'observer et de s'analyser en train de fonctionner, est nécessaire pour apprendre et s'adapter à de nouvelles situations en se modifiant dynamiquement : elle donne des informations sur les actions effectuées et sur le pourquoi elles ont été accomplies. La conscience morale est nécessaire pour être autonome : elle permet de préciser le caractère bon ou mauvais, adéquat ou inadapté des décisions prises, comme le choix des buts, des actions, et leurs conséquences.

On pourra éventuellement aboutir à de nouvelles méthodes de mise en œuvre de conscience ayant peut-être des possibilités différentes des nôtres et peut-être parfois supérieures… Une cognition artificielle serait donc différente de la cognition humaine, car certaines capacités cognitives artificielles sont inaccessibles aux humains et vice versa. Par exemple, les ordinateurs ont un gros avantage en mode sériel, mais beaucoup moins en mode parallèle qui est à la base de nos processus inconscients.

8.5. *Conscience réflexive*

Plus précisément, les tableaux noirs et les systèmes multi-agents sont particulièrement bien adaptés pour traiter des cas où la coopération de sources de connaissances indépendantes s'impose. Elle permet une expression plus déclarative des connaissances : les connaissances de même nature sont regroupées en modules et coopèrent en échangeant des informations ; l'utilisation des connaissances n'est pas liée à ces connaissances elles-mêmes, elle est gérée indépendamment par un contrôleur qui calcule dynamiquement, en fonction de la situation, l'*ordre* d'application de ces sources de connaissances.

La notion de réflexivité, considérée dans le cadre de l'intelligence artificielle distribuée entre plusieurs agents, est particulièrement pertinente pour le type de contrôle qui nous intéresse ici. On aborde là un problème qui s'est révélé essentiel pour l'ensemble de l'intelligence artificielle : le traitement des méta-connaissances, permettant à un système d'observer son propre fonctionnement afin d'en tirer parti. Un tel système utilise une représentation de lui-même pour raisonner sur son propre comportement. Pour chaque agent, on distingue ainsi clairement entre ses connaissances du domaine d'une part, et les connaissances sur son comportement et ses interactions avec les autres agents d'autre part (cf. figure 16).

Si l'on accepte l'analogie entre le comportement d'un système complexe et l'activité mentale, cette connaissance de sa propre activité correspond à une première mise en œuvre d'une conscience partielle (Minsky 1985).

L'objet (l'agent A) et la partie qui le représente sont deux systèmes différents, mais chacun d'eux correspond à un modèle conceptuel classique (un mécanisme d'inférence utilise des connaissances explicites qu'il modifie éventuellement pour rendre compte des évolutions du contexte). Le méta-raisonnement est ainsi considéré et réalisé comme n'importe quel autre type de raisonnement.

Toutefois, pour que ce dernier niveau représente réellement le système initial, il faut qu'il existe un lien causal entre cette représentation et le système : si l'un des deux change, l'autre change en conséquence (la représentation doit toujours être *véridique*) (Maes 1987).

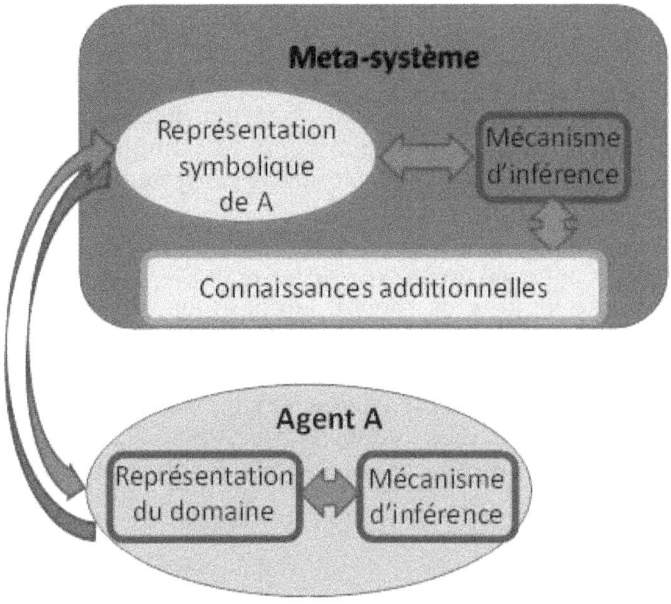

Figure 16. *Un système réflexif*

Dans le même ordre d'idée, (Smith 1986) introduit les notions d'*intégrité introspective* (les propriétés significatives de la représentation du méta-niveau sont en accord avec le niveau objet) et de *force introspective* (la réalisation des buts d'un système réflexif au niveau objet, à travers la connexion causale descendante).

Dans une méta-représentation, seules sont représentées les parties du système nécessaires pour les raisonnements réflexifs, elle est donc *sélective*, ce qui permet une réduction de la complexité du système.

En outre, le contenu de la méta-représentation dépend du type de raisonnement qui va l'utiliser, elle est *spécialisée* : un système *conscient* a donc la possibilité de disposer de plusieurs méta-modèles du même objet. En conséquence, cette représentation est *partielle* : ce n'est pas une simple image complète du système, mais une représentation des seuls éléments pertinents pour la tâche considérée.

Deux extensions permettent une utilisation efficace de ce type de modèle :

a. un méta-système peut contrôler plusieurs agents ayant des aspects analogues ;
b. on peut considérer ces méta-systèmes comme des agents usuels et leur appliquer récursivement une méta-représentation

Alors, en appliquant cette *réflexion* récursivement à plusieurs niveaux, on obtient la possibilité de mettre en place une organisation hiérarchique des agents : pour atteindre un certain but, un agent donné dispose de plusieurs moyens qui sont les autres agents qu'il contrôle (c'est-à-dire qu'il a la possibilité de déclencher). Ces agents peuvent être eux-mêmes des systèmes réflexifs contrôlant d'autres agents, eux-mêmes simples ou à nouveau réflexifs… La structure du système est complètement récursive.

Cet enchâssement de méta-niveaux ne rend le système ni trop complexe ni inefficace : au contraire, impliquant une décomposition *a priori* du problème en sous-problèmes, il simplifie le mécanisme de planification qui est la base du contrôle de ce type de système.

Ainsi, dans sa mémoire de travail, le contrôleur du plus haut niveau, considéré comme la conscience réflexive de l'ensemble, construit une représentation globale du déroulement dynamique du raisonnement : une indication des agents qui ont été nécessaires pour mener à bien une tâche donnée ; ce qui lui permet de donner par la suite des explications sur la stratégie qui a été employée.

8.6. Conscience morale

L'autonomie est donc une caractéristique essentielle des systèmes intelligents mais pour qu'ils puissent s'enrichir de leur propre expérience, une conscience réflexive est nécessaire. Il est impossible de prévoir tous les comportements d'un tel programme qui fonctionne de façon de plus en plus autonome ; il faut donc des mécanismes de contrôle extrêmement élaborés. Pour éviter les dérives non souhaitables et faire respecter les valeurs et les principes qui fondent l'ensemble du système, il faut donc qu'il y ait un module robuste qui surveille le tout, ce que l'on pourrait assimiler à une sorte de conscience morale.

Ce module devrait suivre d'une part des valeurs intangibles et d'autre part des principes généraux qui retardent ou interdisent des opérations trop dangereuses, comme la suppression définitive d'éléments dont la création et l'adaptation a demandé beaucoup de travail et qui se sont révélées pendant longtemps comme très efficaces — cf. note 18 chap.3, §2-2-5. Comme elle se fonde sur des principes généraux, elle est nécessaire pour s'adapter efficacement à des situations nouvelles et imprévues, en donnant des heuristiques pour choisir les buts à atteindre, les actions à effectuer et les conséquences de celles-ci. Bien entendu, une telle conscience n'exerce son discernement que par rapport à des règles de conduite qui peuvent être appliquées ou non et non par rapport à des lois auxquelles on ne peut se soustraire.

L'une des plus grandes difficultés pour laquelle aucune solution n'a été trouvée réside dans le fait que ces valeurs et principes sont évolutifs chez l'homme, dépendent de la culture et peuvent être considérés à trois niveaux : pour l'individu, pour le groupe ou pour l'humanité entière. Ces valeurs sont fixes chez les machines - il est d'ailleurs fortement souhaitable qu'elles le restent et que ces systèmes autonomes n'aient pas accès à ces valeurs et ne puissent les modifier- et peuvent être différentes des valeurs de l'homme.

Certains de ces aspects sont présents dans CAIA (*Chercheur Artificiel en Intelligence Artificielle*), le système général de résolution de problèmes donnés sous forme de contraintes et réalisé par Jacques Pitrat.

9. Vers l'intelligence artificielle forte ; 3e exemple : les relations entre l'intelligence artificielle, le langage et la conscience chez les ordinateurs

9.1. Les limites d'une intelligence désincarnée

Les approches évoquées ci-dessus ont un point commun, d'un autre ordre : elles se situent toutes dans le cadre d'une intelligence formelle sans relation avec les perceptions du monde dans lequel elle évolue. Cela implique, plus ou moins consciemment de la part des chercheurs, un mode de raisonnement peu rationnel : tandis que l'existence d'une âme immatérielle et indépendante du corps est généralement déniée, c'est en fait elle seule qui est modélisée, et par des modèles qui ne tiennent aucun compte des effets du corps.

En effet, les phénomènes de compréhension et le langage sont si complexes qu'on tend à les examiner de la façon la plus simple possible ; on les étudie de façon isolée en remettant à plus tard l'étude des interactions avec les autres phénomènes. Il en résulte la nécessité d'utiliser un ensemble phénoménal de connaissances, de mécanismes de planification et de prises de décision, et une mémoire permettant un stockage et une recherche très efficaces (ce qui représente d'ailleurs l'essentiel des travaux d'intelligence artificielle et de traitement automatique des langues, qui — soulignons-le — n'ont pas réellement essayé de trouver d'autres solutions…).

Or, les raisonnements et les mécanismes de planifications qui reposent uniquement sur la pensée demandent qu'on soit parfaitement exact (ce qui n'est pas nécessaire, ni même souhaitable, pour les êtres humains). Cela provoque des problèmes particuliers, parmi lesquels on peut citer :

- manque de complétude. Dans une tâche réelle, il est impossible de savoir *tout* ce qui est pertinent ;
- manque de précision. On ne peut connaître avec une précision exacte tout sur les variables pertinentes ;
- variabilité. Ce qui est vrai à un moment donné peut ne plus l'être au moment de l'action (le fameux *frame problem*) ;
- temps d'accès. Même si on pouvait tout savoir, cela impliquerait un fonctionnement de la mémoire (stockage, recherche et calcul) impossible en pratique.

D'un autre côté, la mémoire humaine n'est pas seulement associative, elle est aussi *prospective et réflexive*. Elle est organisée autour des choses importantes pour la vie et nous permet de structurer le monde pour que nous n'ayons pas à nous remémorer des choses inutiles : le monde, avec ses contraintes, est là pour nous les révéler selon les besoins. Il ne s'agit pas d'organisation *a priori*, mais des moyens d'accéder directement à l'information voulue : comment une *description* nous permet-elle de *naviguer* dans la mémoire et de retrouver très rapidement les éléments pertinents ?

Le premier point important est donc que la désincarnation prive les machines des sources d'informations les plus riches.

Le deuxième point est relatif au mécanisme central de la catégorisation : pour structurer le monde, on construit sans cesse des relations entre objets et on construit des classes d'objets similaires. Pour ce faire, notre point de référence essentiel est nous-mêmes, et nos catégories sont donc fondées sur nos caractéristiques physiques propres. Le corps joue ainsi un rôle fondamental dans tous les processus intellectuels qui restent subordonnés à nos besoins essentiels : les fonctions vitales doivent avoir priorité sur tout le reste, et ce de façon totalement inconsciente. La conséquence importante sur le mécanisme d'apprentissage est qu'aucune connaissance ne peut être acquise sans point de référence. Même si on pouvait envisager de construire une intelligence sans contrepartie corporelle, il est inconcevable d'en construire une qui ne posséderait pas le *concept* de corps ! Ainsi, nos programmes doivent-ils être capables de se représenter eux-mêmes et de relier leurs expériences à cette représentation.

Le troisième point concerne la communication. Même s'il était possible de construire une intelligence qui ne soit pas dirigée par ses besoins essentiels, la notion de sens que manipulerait une telle entité n'aurait que peu de rapport avec ce qu'est le sens pour nous. En conséquence, elle serait si totalement différente de nous que nos possibilités de communication seraient très difficiles, pour ne pas dire impossibles : pour qu'une intelligence, artificielle ou non, soit reconnue comme telle par l'être humain, elle doit être analogue à la sienne !

Cela souligne le rôle essentiel du langage et de l'apprentissage pour utiliser les connaissances déjà accumulées par des siècles d'expériences précédentes. En outre, lors de la résolution d'un problème à plusieurs, des idées nouvelles naissent autant de l'interaction que d'un individu seul ; une communication élaborée, même dans le seul cadre de l'intelligence artificielle distribuée, est donc nécessaire. Elle nous permet, non seulement d'apprendre par l'expérience, mais aussi en communiquant, en lisant… Il faut donc aussi être capable d'apprendre à apprendre différemment selon les circonstances. Une intelligence artificielle doit donc être capable d'évaluer et de modifier ses propres programmes.

9.2. Le rôle du langage dans l'intelligence

9.2.1. Une pensée sans langage ?

Quelques idées générales sur cette question, sur laquelle beaucoup de scientifiques divers, linguistes, sociologues, philosophes, neurologues, psychologues…, se sont largement exprimés sur ce sujet, suffiront sans doute.

Pour certains, le langage apparaît essentiellement comme une mise en forme de ce qui est déjà apparu dans la conscience et qui demande seulement à être traduit en un code symbolique, éventuellement afin d'être communiqué. Pour d'autres, la pensée doit être considérée comme une fonction mentale distincte du langage, les deux étant soit complètement indépendants l'un de l'autre, soit étroitement liés dans un rapport de domination ou de complémentarité.

Sapir et Whorf (Sapir 1949, Whorf 1956) soutiennent que le vocabulaire et l'organisation syntaxique d'une langue conditionnent la manière de penser de ceux qui s'en servent. À l'opposé, Pinker (1994) refuse cette hypothèse en argumentant (après Fodor [1975]) que la pensée sans langage se fonde sur l'utilisation de symboles réunis par une syntaxe, un autre langage, ignoré de nous, mais universel, le « mentalais ».

Le seul argument fourni, que certains peuvent considérer comme discutable…, est que le cerveau fonctionnant comme une machine de Turing, a nécessairement besoin d'un langage. Or, on peut montrer que celui-ci ne pourrait éviter les « défauts » des langues : ambiguïté, manque de logique explicite, coréférence, difficultés de la deixis [désignation], synonymie, métaphore, etc... Par exemple, la polysémie est inévitable et tient au fait qu'il n'existe pas de classification universelle permettant de découper la réalité en catégories répondant à tous les besoins. La polysémie ne peut être évitée que dans des vocabulaires techniques dont le champ d'application est très limité. On montre également que toutes les autres caractéristiques, qui induisent un certain flou dans les langues humaines, sont nécessaires à une communication souple et efficace. On peut donc mettre en doute l'existence de ce « mentalais ».

Une analyse des relations entre la pensée et le langage est apportée par Piaget (1923) qui souligne que le niveau de langage est lié au niveau d'intelligence : le développement psychogénétique du langage dépend triplement de la genèse de l'intelligence[44].

D'abord, il est maintenant patent que l'acquisition des capacités de langage fait intervenir des processus d'imitation fortement liés à l'intelligence sensori-motrice.

Ensuite, en étudiant les débuts du langage chez les enfants, Piaget montre que, de premiers sons jusqu'aux premiers mots, puis aux premières phrases, le langage est lié aux progrès de l'intelligence sensori-motrice.

Enfin il montre aussi comment ces progrès dépendent à leur tour de la construction des mots et des phrases. Cette interpénétration des imitations verbales et de l'usage qui en est fait pour communiquer produit les premiers schèmes verbaux, intermédiaires entre l'intelligence sensori-motrice et les concepts.

Ainsi, comme l'intelligence est en lien avec la conscience, le rapport entre la possession d'un vocabulaire et l'intelligence peut être reconnu et justifié par le fait que plus la conscience du réel est importante, plus le langage doit être diversifié pour permettre d'en exprimer des éléments. Bien sûr des bémols peuvent être apportés à cette affirmation, car certaines personnes très intelligentes peuvent ne pas pouvoir bien s'exprimer, tandis que de beaux parleurs peuvent n'être pas très futés…

En outre, sur un plan informatique et en pensant surtout à l'intelligence artificielle actuelle, on peut noter que les réseaux neuronaux artificiels, en établissant la possibilité d'un traitement non symbolique et sans mots de l'information, fournissent un modèle plausible du traitement de l'information, analogue sans doute à une pensée sans langage. D'ailleurs, chez l'homme également, la pensée sans langage est capable de performances de haut niveau (par exemple aux tests non verbaux ou imagés, qui peuvent être très abstraits). En outre, une pensée déverbalisée

44. Ce qui ne signifie pas que cette genèse suffise à expliquer son apparition

permet aussi d'y réintroduire l'affectivité, l'émotion, le désir, alors qu'on sait que le langage est parfois maladroit pour les exprimer. Superposer la pensée et le langage risquerait de chasser l'émotion.

Toutefois, une pensée ne peut être toujours complète sans l'intervention du langage : une pensée peut exister préformée sur un mode non verbal avant sa formulation, mais le langage participe ensuite efficacement au parachèvement d'une pensée déjà élaborée. C'est aussi à travers le langage qu'on produit des idées, quand on le considère comme un processus et non plus comme une sorte d'inventaire lexical, syntaxique et sémantique ; il prend alors la puissance de la pensée.

Ainsi, la pensée et le langage sont deux choses différentes qui s'influencent et se fécondent mutuellement.

9.2.2. Traitement automatique des langues et intelligence artificielle

On peut aussi souligner une contradiction du traitement automatique des langues, contradiction qui naît de l'approche même de l'intelligence artificielle et de l'informatique linguistique : celles-ci tentent de définir *a priori* des mécanismes de représentation et des processus de raisonnement, afin de réaliser, *ensuite*, des systèmes de compréhension et de production des langues.

Or, c'est le langage même qui donne à l'homme ses facultés de représentation et de raisonnement qui augmentent significativement ses capacités cognitives (qui à leur tour servent à améliorer son langage, ce qui va ensuite améliorer ses capacités de représentation et de raisonnement ; on trouve là une des fameuses boucles infinies chères à Hofstader [1979]).

Ainsi, l'intelligence artificielle symbolique semble-t-elle prendre le problème à l'envers, le rendant ainsi *peut-être* impossible par nature. De façon cohérente avec les arguments déjà évoqués contre la possibilité d'une intelligence désincarnée, il est alors naturel d'envisager que soit erronée l'hypothèse selon laquelle on peut construire *a priori* des mécanismes de raisonnement élaborés sans une capacité de langage. Deux points essentiels doivent alors être soulignés :

- le premier vient du fait que l'apprentissage est le processus de base qui doit permettre d'expliquer comment sont compris les effets pragmatiques de nos premières communications. Il faut donc un modèle qui exprime ce développement récursif de la faculté de langage et de nouvelles capacités symboliques, s'améliorant réciproquement au cours du temps ;

- le deuxième est la réponse à la question : *quelle structure prédéfinie permettrait à un tel processus d'amorçage de se produire ?* Perception, action, sens ? Ce qui donne aux questions d'architecture une importance fondamentale.

9.3. Le rôle du langage dans la conscience

9.3.1. Quelques caractéristiques du langage

(Chomsky 1966, Chomsky 1968), puis (Bresnan et Kaplan 1981), mettent en évidence quelques caractéristiques du langage :

- créativité (caractérisation d'un nombre infini de phrases)
- finitude (avec un nombre fini de mots, relations, capacité de mémorisation…)
- fiabilité (d'une structure syntaxique, indépendamment de son sens)
- indépendance de l'ordre (existence de relations grammaticales locales)
- universalité (toute chaîne de mots est reliée à une structure mentale grâce à un processus universel).

On peut mettre en relation ces caractéristiques avec certains aspects de la conscience, soulignés par Edelman et Rosenfield :

- la créativité est permise par le lien avec les systèmes conceptuels corticaux grâce à une mémoire autorisant les nouvelles combinaisons de concepts (possible par réentrance des aires de Broca et Wernicke [spécifiques des fonctions liées au langage] avec les systèmes conceptuels existants)
- la finitude est expliquée par le fait que la mémoire est une recatégorisation continuelle possédant de fortes capacités de généralisation
- la fiabilité parce que le système conceptuel existant peut traiter les productions verbales comme des objets courants
- l'indépendance de l'ordre est liée au fait que la syntaxe émerge de la sémantique et de la phonologie, qui sont premières
- l'universalité existe grâce au fait que le processus qui lie une chaîne de mots à une structure mentale serait le même que celui qui est utilisé pour l'apprentissage en général.

Le langage a également un rôle interne extrêmement important : il permet un commentaire continu à propos de nos propres expériences et de nos sentiments, ce qui permet de relier commentaires sur le passé et plan sur l'avenir.

Avec l'habitude et l'apprentissage, ce discours intérieur devient plus ou moins inconscient (ce qui, d'après Baars, constitue une explication des dépressions, quand le contrôle des commentaires dépréciatifs a disparu). Par ailleurs,

> « Le langage infléchit nos pensées à tous les niveaux. Les mots sont des catalyseurs qui précipitent des fixations du contenu au moment où une partie du cerveau communique avec une autre. Les structures de la grammaire imposent une discipline à nos habitudes de pensée… Les structures des histoires que nous apprenons nous poussent à nous poser les questions qui ont le plus de chances d'être pertinentes dans les circonstances du moment. » (Dennett 1993)

Il convient toutefois de souligner les différences entre ce langage intérieur et un éventuel « langage de la pensée » comme le « mentalais » (Fodor 1975) : il n'y a pas d'identité à tous les niveaux.

9.3.2. Langage et conscience

D'un certain point de vue, « parler » revient à « rendre conscient », et par là même, le langage nous donne des possibilités extraordinaires d'étendre notre mémoire, à court terme d'abord par le discours intérieur, à long terme ensuite par la communication avec autrui, et enfin dans les livres par le langage écrit. Ainsi, le langage nous donne une possibilité supplémentaire de stocker de l'information et joue un rôle essentiel dans toute manifestation consciente, visant à rendre explicites des éléments passés, présents ou envisagés pour l'avenir. Le rôle primordial de ces points pour la compréhension justifie la remarque d'Edelman qui souligne l'importance qu'il y a à considérer le phénomène de la conscience dans le traitement automatique des langues :

> « La raison pour laquelle les ordinateurs sont incapables de traiter des problèmes de sémantique devient évidente. Leur mise en œuvre n'est pas la bonne ; elle ne mène pas à la conscience » (Edelman 1992).

Le langage est la fonction qui permet l'apparition de la conscience d'ordre supérieur, en ce qu'elle sous-tend la possibilité de penser. Il libère l'animal de l'obligation de dépendance envers les événements arrivant en temps réel et permet la planification de ses actions à long terme. Cette nouvelle étape débouche sur la création des concepts de soi, de passé et d'avenir, permettant d'établir des différences entre un modèle conceptuel symbolique et l'expérience perceptive en cours.

Ainsi le langage permet le développement de nouveaux concepts et de symboles, s'enrichissant mutuellement : avec un lexique suffisamment développé, les productions langagières peuvent être traitées et classifiées récursivement par l'appareil conceptuel, sans autre référence à leurs origines, en particulier leurs bases perceptives ou sociales. L'aspect récursif de ce mécanisme explique également les possibilités de symboliser certains aspects de la communication, et de communiquer à propos de la communication elle-même. Cette capacité d'identifier une chose ou une action et de fonder, de façon générale, son comportement futur sur cette identification, comme si on pouvait intégrer le particulier dans l'universel, explique l'apparition des symboles et la communication. Ensuite — et ensuite seulement —, sémantique et syntaxe peuvent se développer harmonieusement.

9.4. Le rôle de la conscience dans la compréhension des langues

Le sens n'est pas seulement une représentation symbolique construite de façon compositionnelle, mais peut aussi être vu comme produisant une modification du contexte cognitif de l'auditeur. L'effet des signes élémentaires est de guider la compréhension en rendant plus accessibles les entités sémantiques qui font partie de l'interprétation. Une autorégulation compétitive liée à l'accessibilité des connaissances, un niveau cognitif subliminaire non contrôlé, suffit alors à expliquer la préférence sémantique au contexte, c'est-à-dire, la focalisation de la perception consciente sur les interprétations les plus pertinentes. Les objectifs du système ont également une influence déterminante sur le déroulement même du processus de compréhension (les tâches engendrent des attentes qui influent sur la pertinence des interprétations). La compréhension n'est pas fondée uniquement sur un ensemble de critères logiques d'évaluation : elle est aussi le résultat émergeant de processus cognitifs, peut-être non rationnels, qu'on ne sait pas décrire d'une façon algorithmique.

L'énoncé en cours de traitement peut admettre plusieurs interprétations candidates construites en parallèle. Individuellement, elles procèdent de façon séquentielle et montante (dirigées par les données). Néanmoins, collectivement, le contexte fait converger le système vers une interprétation résultante, presque toujours unique. En effet, les interprétations sont développées avec une vitesse variable qui dépend de la plausibilité de la branche explorée, c'est-à-dire, en dernier lieu, de l'accessibilité des connaissances qui l'étayent. Cette façon d'opérer permet de les départager, car elles n'ont pas toutes les mêmes chances de prospérer. L'état du contexte cognitif agit alors comme un faisceau d'hypothèses qui favorise l'essor des interprétations les plus cohérentes. Il s'agit d'un mécanisme prédictif techniquement très différent des analyses classiques, réalisé par des processus totalement automatiques, non contrôlés ni réflexifs.

Bien entendu, la pensée rationnelle participe aussi à la compréhension, mais seulement après une perception spontanée du sens. Cette division permet de différencier les « vraies » ambiguïtés soulevées par la communication qu'une planification dynamique rationnelle devrait résoudre, et les ambiguïtés artificielles qui restent inaperçues sans une étude linguistique approfondie. Cet aspect autocontrôlé et planifié, permet en particulier, le traitement de tous les imprévus et débouche sur un apprentissage de nouvelles connaissances et de nouveaux processus. Nous avons montré par ailleurs (Sabah 1990, Sabah et Briffault 1993) que :

(a) la modularité est une nécessité pratique,

(b) un contrôle indépendant est nécessaire pour choisir dynamiquement l'agent à déclencher dans un contexte donné et

(c) pour que le comportement des agents s'adapte le mieux possible à la situation, ce contrôle doit être distribué, permettant ainsi aux agents de se représenter eux-mêmes, ainsi que ce qu'ils sont en train de faire : c'est la réflexivité.

Ainsi, cette caractéristique d'autoreprésentation, d'autoréférence et d'auto-jugement semble une qualité déterminante de l'intelligence et en particulier de la compréhension du langage.

Pour établir un lien entre les niveaux de traitement contrôlés et non contrôlés, la « conscience » joue bien sûr un rôle fondamental. Elle peut être vue comme un pont entre les processus automatiques et les processus contrôlés :

-une donnée est rendue consciente (émergence inconsciente) et traitée ensuite par les processus contrôlés ;

-les résultats pertinents de ce traitement conscient sont également rendus conscients (émergence consciente) ;

-l'attention décide si une donnée ou un problème doit être traité automatiquement ou consciemment ;

-elle évalue également les traitements conscients qui, rencontrés plusieurs fois donnent lieu à apprentissage de processus automatiques par compilation.

Ce type d'approche rend compte des relations fondamentales entre perception, langage, apprentissage et conscience. Il montre comment une réelle compréhension implique une confrontation continuelle entre les énoncés reçus et les connaissances antérieures et précise le rôle de l'apprentissage dans la langue. Les mécanismes de dialogue et de réflexivité jouent un rôle particulier par rapport aux deux types d'apprentissage essentiels : comment on apprend par l'intermédiaire de la langue, et comment on apprend à dialoguer par le dialogue lui-même.

9.5. Le rôle de la conscience dans l'intelligence

La conscience peut être vue comme un processus contrôlé gérant plusieurs sous-processus et dont les données ont divers statuts. Ces données sont soit des informations provisoires candidates à devenir éventuellement conscientes (mémoire de travail), soit des données permanentes correspondant à divers aspects du soi (mémoire à long terme). Les différents processus sont chargés de gérer, d'évaluer et d'ordonner les différents buts permanents, d'évaluer la pertinence des données provisoires, de maintenir la représentation de soi, etc.

Une donnée appartenant à la mémoire à court terme est considérée comme devenant consciente (cf. le *global conscious workspace* de [Baars 1988], pour le contrôle duquel, dans son modèle, les processus inconscients sont en compétition). Cette zone de mémoire est gérée comme une pile : tout événement conscient qui devient redondant est remplacé par (ou tout au moins acquiert une priorité inférieure à) un événement subséquent plus informatif.

La conscience a alors une fonction constructive consistant à unifier des résultats disparates de la mémoire de travail en un tout cohérent, que ni les processus inconscients ni les processus contrôlés ne sont capables de réaliser seuls. Quand cela est possible, le résultat devient conscient en mémoire à court terme.

9.5.1. Critères

Nous donnons ici quelques critères permettant de déterminer quand une donnée peut devenir consciente ou non. Différentes séquences de processus inconscients peuvent agir simultanément en parallèle, et on peut considérer ces séquences actives comme analogues aux contextes en compétition de Baars. La conscience peut alors être vue comme scrutant constamment la mémoire de travail et gérant l'écriture des résultats qui y figurent - et qui le méritent - dans la mémoire à court terme.

Dans ce contexte, que signifie « qui le méritent » ?

Nous distinguerons tout d'abord le *sentiment de compréhension*, qui conduit certaines données à être rendues conscientes. Ce sentiment de compréhension peut être représenté par une certaine stabilité au sein de la mémoire de travail, stabilité reconnue quand aucune modification significative n'apparaît après plusieurs itérations. Lorsqu'une telle situation est détectée, les résultats sont transmis à la mémoire à court terme, avec le but d'intégrer cette nouvelle information aux connaissances antérieures, de façon localement cohérente.

Un autre point important concerne le *sentiment d'une ambiguïté*. Les cas où plusieurs solutions sont pertinentes correspondent aux situations où une oscillation parmi ces solutions se produit de façon répétitive. Cela donne lieu, non pas à un résultat conscient, mais à un problème conscient, à résoudre au moyen des processus réflexifs, puisque les processus automatiques n'ont pas été capables d'amener une décision. Les résultats partiels pertinents de la mémoire de travail sont alors écrits dans la mémoire à court terme, avec le but de résoudre l'ambiguïté restante.

Le troisième point évoqué ici est le *sentiment d'une contradiction*. Une telle situation sera détectée quand un résultat stable de la mémoire de travail entre en contradiction avec une donnée déjà connue, déjà consciente ou un but courant à atteindre. De la même façon que ci-dessus, les résultats pertinents sont écrits dans la mémoire à court terme et transmis au niveau conscient avec le but de lever, au moins localement, la contradiction rencontrée.

Ces critères impliquent que seuls les résultats obtenus par des perceptions conscientes sont rendus disponibles aux autres sources de connaissances, même si des perceptions inconscientes peuvent avoir une influence significative sur des traitements ultérieurs (on modélise ainsi le fait que des résultats fugaces dans la mémoire de travail peuvent entraîner une réorganisation et un réordonnancement des buts actifs dans la conscience, même s'ils ne deviennent pas conscients par la suite).

9.5.2. Hiérarchie des buts

Divers éléments pertinents pour la conscience sont présents dans la mémoire à long terme (les caractéristiques les plus permanentes de l'individu, comprenant une représentation de soi) et dans la mémoire à court terme (correspondant à la situation courante). Les buts que l'individu cherche à atteindre sont alors des ensembles de propriétés, attachées à ces représentations, et qui doivent être vraies ou rendues vraies. L'éventail de ces buts, plus ou moins explicites, est très large, puisqu'ils comprennent les buts les plus profonds et les plus généraux, analogue aux valeurs d'Edelman (survivre, manger, boire…) aussi bien que les buts les plus concrets et immédiats (obtenir une part de tarte). Des buts intermédiaires implicites rendent compte des contraintes pragmatiques (les raisons que l'on a pour parler), les contraintes du discours (prise de tour de parole, rapport au sujet courant), les contraintes lexicales et syntaxiques, etc. Atteindre tous ces buts simultanément permettra, par exemple, l'émission de *je voudrais bien ce gâteau.*

Les priorités de ces buts (leurs importances relatives) sont constamment et dynamiquement ré-évaluées. Le résultat de cette évaluation a une influence significative sur l'estimation des éléments en mémoire de travail et candidats à devenir conscients (ceux qui ont le plus de chance d'être rendus conscients sont ceux qui favorisent les buts les plus importants).

Puisque le comportement des agents contrôlés est fondé sur un double processus de planification (un premier calcul statique pour voir comment le but courant pourrait être atteint, puis une adaptation dynamique pour adapter ce premier plan au contexte réel), les buts profonds peuvent aussi avoir une influence significative sur ces agents conscients, en étant introduits dans les plans que ces agents cherchent à réaliser.

9.5.3. *Exécution des buts*

Quand un but a été explicité au sein de la conscience, sous la forme d'une représentation à construire ou en tant qu'une propriété donnée qu'une représentation doit posséder, un moyen automatique de réaliser un tel but est tout d'abord cherché. S'il est trouvé (c'est-à-dire si un processus inconscient agissant dans la mémoire de travail est a priori évalué comme ayant de bonnes chances de réussir), son déclenchement est effectué, et, selon les résultats produits, l'ensemble des buts réévalués.

Quand un tel processus ne peut être trouvé, le but à atteindre est fourni au premier niveau des processus conscients, ce qui provoque le déclenchement des raisonnements conscients avec planification.

Cela rejoint certains aspects de l'apprentissage. En effet, certains processus peuvent exister sous deux formes : les agents conscients, utilisant des ensembles de règles déclaratives explicites, et leurs formes compilées, agissant automatiquement dans la mémoire de travail. Quand un problème nouveau (jamais traité auparavant de façon automatique) apparaît, il doit d'abord être traité par les processus conscients, qui recalculent à chaque étape les règles pertinentes. Si le même type de problème se rencontre plusieurs fois, les mêmes règles sont retrouvées, et ce type de processus ayant la capacité de représenter effectivement son comportement (réflexivité), il pourra s'en rendre compte. Une telle procédure pourra alors être compilée et ses caractéristiques fournies au gestionnaire conscient, ce qui autorisera ce dernier à la déclencher quand le besoin s'en fera sentir. L'ensemble du système a ainsi « appris » à résoudre ce nouveau type de problème, et profitera ensuite de son expérience passée lors de son comportement courant.

9.6. *Relations entre paroles de scientifiques et paroles d'écrivains et de poètes*

Citons simplement l'intervention d'Alain Borer, rapportée par Laetitia Strauch-Bonart, dans Le Point du 17 juin 2021 :

> « Il en va des langues comme des religions : elles se distinguent par le fait qu'elles pensent différemment les grandes questions. Comment le sujet qui parle se conçoit-il, comment la langue conçoit-elle l'interlocuteur, comment figurer la relation entre les deux sexes ? Toutes ces représentations se logent dans la morphologie de la langue. Influencées dès l'origine par les religions, elles sont associées à des pratiques sociales et produites par elles en retour, dans ce lien de la langue au réel que Lacan appelait les "nouages", qui est différent d'une civilisation à l'autre et reste largement impensé. »

CHAPITRE 6

L'avenir de l'intuition et de l'intelligence artificielles fortes

1. Les risques pour l'humanité, comment les contrer

Même si les risques ne peuvent apparaître *a priori* que dans très longtemps, commencer à en tenir compte bien avant les développements, et déjà pendant les recherches, est nécessaire pour identifier et définir à temps les caractéristiques de ces menaces, orienter les développements assez tôt, tout en développant les défenses à utiliser quand ce sera nécessaire.

A priori on peut prévoir deux risques pour l'homme qu'amènerait l'existence en nombre et en puissance de robots ou de systèmes intelligents au sens de l'intelligence artificielle forte :

- Le fait que ces robots fassent des erreurs dans leur mission nominale : ils se trompent parce qu'ils ne savent pas tout dans les attendus, ou dans la situation, ou parce qu'ils n'ont pas compris la mission, ou qu'ils se sont trompés dans leur raisonnement, comme les humains.
- Le fait qu'ayant leur libre arbitre, ils ont compris que leur intérêt était de décider de choses importantes, jusqu'à « prendre le pouvoir sur les hommes », soit ponctuellement, soit dans un certain environnement, soit de manière globale. C'est la situation qu'il faut éviter à tout prix.

Le premier risque qui concerne actuellement l'intelligence artificielle faible, mais concernera encore plus l'intelligence artificielle forte, ressemble à celui d'un patron qui, suite à une erreur de casting, a embauché quelqu'un de non adapté au travail, ou qui s'est lui-même trompé dans l'expression de la mission ou dans l'explication de la situation. Et donc, même solution : soit le maître corrige ses propres manières de diriger, soit le robot part en stage de complément d'apprentissage, soit il est « renvoyé » ou « ramené en maintenance », selon sa manière de voir la personnalité de ce robot.

Le deuxième risque est de loin le plus important et le plus grave. Ceux qui ont vu les films Matrix ou Terminator lesquels décrivent les conséquences de manière maximale le connaissent déjà, même si ces scénarios peuvent être considérés comme quelque peu excessifs.

Pour l'éviter, il est nécessaire de créer à terme un nombre très important de machines intelligentes différentes et prévoir dès le départ les « conditions de création, de vie et de mort » de ces nouvelles machines :

- Il faut s'arranger pour que cette « nouvelle population » vive avec efficacité pour elle et pour nous et de manière cohérente avec l'humanité en montrant une certaine concurrence entre elles, et sans qu'elle concurrence trop la société humaine dans ses domaines et responsabilités.

- Il faut veiller à contrôler la logique de « mort » et de « naissance » des machines, et en même temps mettre en place une logique darwinienne de sélection naturelle, qui a déjà montré ses preuves auparavant, mais cette fois-ci contrôlée par les humains.

- Il faut veiller aussi aux développements non désirés de l'équivalent des sentiments et émotions chez les machines, ceux en particulier qui les entraîneraient à agir contre l'humanité.

- Il faut aussi dès le départ prévoir la gestion de la santé de nos machines : veiller au traitement des virus informatiques qui pourraient les infecter, en particulier leur amener les sentiments et les émotions précédents. Ce que nous appelons aujourd'hui les cyberdéfenses devraient se développer infiniment plus que maintenant, dans ce nouvel environnement.

- Il faut enfin organiser rigoureusement un contrôle permanent de leur fonctionnement, en particulier que leurs communications directes soient en nombre restreint et claires pour les humains, et par un contrôle interne des associations entre humains et machines, associations elles-mêmes contrôlées à plus haut niveau.

Il convient d'examiner de manière détaillée les actions à mener et les conduites à tenir pour restreindre ces risques.

1.1. La concurrence obligatoire

Les moteurs principaux des développements possibles de l'intelligence artificielle se trouvent actuellement chez des sociétés comme Google, FaceBook, Apple, Amazon, Microsoft, IBM. Ils utilisent dans la gestion de leurs mémoires la recherche des références, des relations et du contenu des photos, le dialogue intelligent rapide et agréable avec les utilisateurs par textes, phrases parlées, images fixes ou vidéos.

Ces fonctions, apparemment loin de l'intelligence artificielle, avec les bases de données gigantesques sur lesquelles elles s'appuient, amènent ces sociétés à développer et disposer de plus grandes technologies que quiconque pour construire cette future intelligence artificielle forte.

L'intelligence artificielle, en tant qu'outil, leur permettra au surplus d'améliorer de manière considérable et rapidement la qualité de leurs services et leurs chiffres d'affaires.

Il devient maintenant vital que ces sociétés essaiment de préférence dans d'autres continents et que de multiples centres industriels ou de recherche développent des fonctions semblables pour vitaliser la multiplication d'idées et de programmes et surtout créer une compétition pour faire avancer l'intelligence artificielle :

Dans l'Histoire, l'humanité a progressé au milieu de guerres, de disparition d'idées, de création de nouvelles idées, de concurrences mortelles, de disparition de sociétés et de peuples, autant de catastrophes amenant des motivations considérables et le progrès. Dans notre période moderne, ces logiques se sont partiellement calmées, à certaines exceptions près, et ont été plutôt remplacées par la simple concurrence, à laquelle se sont rapidement adjointes des lois, contrôlant et favorisant théoriquement cette concurrence.

Ces concurrences sont toujours saines et même vitales. Elles constituent aussi peut-être le critère de base du bon développement de l'humanité.

C'est pourquoi il faut que ces recherches et développements se fassent autour de centres et sociétés de développement beaucoup plus nombreux et répartis dans le monde autour de nombreux centres de *big data* en compétition la plus intelligente, soft et efficace possible, et dans les domaines les plus variés possibles.

Si on ne converge pas assez rapidement vers une organisation de ce type, on peut craindre d'arriver un jour à un état de l'humanité à la Matrix, où l'homme n'aura plus de possibilités d'action contre un monopole d'intelligence qui le dépassera alors complètement.

Et même si la Chine se posait en concurrente des États-Unis, le fait d'avoir deux « Matrix » sur Terre ne serait pas une solution.

Le rapport récent de Cédric Villani et de son groupe de travail pour le gouvernement français est excellent et constitue une bonne base. Mais beaucoup de décisions cohérentes restent encore à prendre par les Européens et les Américains.

1.2. La gestion intelligente de la mort et de la naissance des machines

Une des raisons principales de l'avancée considérable de l'humanité au cours des siècles a été aussi la « gestion » permanente, en dehors de la volonté consciente des humains, des morts et des naissances, que ce soit celles des humains, des familles, des sociétés, des pays, des idées, des cultures…

C'est cette souplesse de gestion qui a permis notre évolution. Faut-il insister sur le fait que dans les caractéristiques du dynamisme de ces idées, la notion de « mort » est aussi importante que la notion de « naissance » ou de « renaissance » ?

Cette gestion des morts et des naissances des machines est à penser très en amont des recherches :

- Pour les morts et les renaissances des machines et leurs matériels, on le vit déjà largement par leur obsolescence et leurs remplacements faciles et périodiques.
- Pour les morts et renaissances des logiciels de base, les pannes et les bugs donnent de bons signaux. La force du marché provoque leurs améliorations, leurs remplacements, et leurs nouvelles naissances.
- En revanche, il faut progresser pour la gestion des bases de données. La notion de Wiki est très bonne à cet égard, mais il faut sans doute encore l'améliorer, ce qui correspond à la tendance actuelle.
- Le problème le plus complexe se posera pour les opérateurs donnant l'intelligence à l'intelligence artificielle. La manière de gérer leur vie et leur mort est complètement à découvrir. On devra la construire en même temps que les développements des systèmes d'intelligence artificielle eux-mêmes.

Plusieurs idées peuvent venir à l'esprit. Par exemple, et c'est loin d'être exhaustif :

- L'idée « perte gérée de mémoire » : on supprime des parties de mémoire avec certains critères et à certains moments dans chaque machine. Le processus de création par apprentissage, avec professeur ou non, comble différemment les trous formés, après avoir validé le fait que ces trous correspondent à un besoin.
- L'idée « chromosomique » : on prend des couples de machines aléatoirement, et pour chaque couple on partage leurs fonctions en deux parties complémentaires qu'on regroupe dans une troisième machine « fille », qui passera une certaine durée de temps à fusionner les fonctions qui se ressemblent, ajouter les autres et en créer de nouvelles s'il y a des trous correspondant à de nouveaux besoins.

1.3. Les sentiments et les émotions chez les machines

Des chercheurs ont étudié l'implantation d'opérateurs, qui donneraient aux machines des sentiments et des émotions, en marge de l'intelligence. Nous avons déjà évoqué quelques applications dans lesquelles la notion d'émotion intervient. Insistons ici simplement sur une approche particulière.

Ces notions ont été en particulier étudiées par Alain Cardon, professeur à l'Université de Rouen et à l'Université du Havre, membre permanent du Laboratoire d'informatique de Paris VI, et les conclusions auxquelles il a abouti doivent être incontestablement signalées.

Entre 1990 et 2010, Alain Cardon a étudié longuement un modèle informatique de compréhension par un robot de son environnement et l'introduction dans ce modèle de ce qu'il appelait le générateur de pensées. Ces générateurs de pensées traitaient aussi des perceptions qui produisaient des émotions et des pensées explicites. Émotions et pensées associées engendraient des sentiments et des buts à atteindre, qui, ajoutés aux buts de plus haut niveau, déterminaient la pile des éléments à réaliser. Tous ces objets suivaient une logique consciente ou non consciente selon le mode décidé de leur traitement. C'était le début du fonctionnement du modèle de Cardon.

Alain Cardon a donc, pendant de nombreuses années, réfléchi à la manière de rendre le robot capable de créer, gérer et tenir compte de ces notions d'émotion et de sentiment. Il a en même temps écrit un livre décrivant les résultats de ses recherches et précisant les spécifications nécessaires à leur programmation. Cet ouvrage de 750 pages démontrait que les fonctions portant les émotions et les sentiments seraient la base des raisons qui pourraient pousser un ordinateur ou un robot à se révolter contre ses « maîtres », et encore plus grave qu'un usage abusif pourrait en être fait par un pouvoir autoritaire.

On peut en effet comprendre *a priori* qu'un ordinateur sans sentiment et qui a reçu une mission concrète ait beaucoup moins envie de se révolter qu'un ordinateur qui ait des sentiments de puissance ou de jalousie. De plus, outre cette possibilité de révolte, Cardon envisageait un risque fort d'entraîner des applications détournées pour la défense, et d'autres risques dans le monde civil.

Il a pris du temps, il a réfléchi, et il a décidé de détruire son ouvrage et les résultats de ses recherches. Connaissant de près l'importance que portent les chercheurs à leurs recherches, lorsqu'un chercheur de la valeur d'Alain Cardon les détruit, cela signifie qu'il a des raisons particulièrement profondes et importantes.

Tirons-en les leçons : il faut s'assurer que les recherches à venir sur l'intelligence artificielle forte n'utilisent pas de fonctions de sentiments et d'émotions, sauf éventuellement et si nécessaire des sentiments de contentement, de sympathie, d'empathie, de joie. Peut-être un peu de joie de réussir une recherche, mais en aucune façon des sentiments négatifs, par exemple de domination, de colère, d'envie, et de jalousie.

1.4. La santé des machines, la protection contre les virus

La gestion des attaques cyber des machines doit évidemment être particulièrement bien analysée. Les méthodes correspondraient au minimum aux méthodes actuelles, mais de qualité, d'intensité et d'efficacité infiniment supérieures.

Il faudra suivre particulièrement les virus qui pourraient être introduits qui créeraient les sentiments néfastes décrits précédemment.

On devrait sans doute faire gérer des contrôles à plusieurs niveaux à la fois par des spécialistes, des manageurs et des politiques, tant au niveau local qu'aux niveaux national et international.

On pourra aussi imaginer des machines « médecins » qui auront reçu une « éducation » particulière dans ce domaine pour détecter les attaques et « soigner » ses congénères. Ces machines-médecins devront bien sûr être particulièrement bien surveillées.

1.5. Les communications entre machines

Enfin, il faudra prévoir une défense contre les associations hors contrôle de machines pour ne pas arriver, sans que les humains le découvrent suffisamment tôt, à un processus Matrix de ces associations contre l'humanité.

Les fourmis, qui n'ont chacune qu'une faible intelligence, arrivent à faire fonctionner leur communauté de manière beaucoup plus intelligente lorsqu'elles sont réunies en société.

Ces processus ont été aussi étudiés par Alain Cardon, qui a observé et simulé ces phénomènes. Il a montré la création par cette mise en réseaux d'idées d'intentionnalité, qui existent alors au niveau de cette intelligence naturelle distribuée, sans qu'elle existe au niveau de chaque individu.

Dans le cas de ces machines, il faudra contrôler cette même possibilité de création chez elles de cette nouvelle intelligence résultant de cette mise en réseaux, et faire ces contrôles de manière particulièrement rigoureuse.

Une façon d'y arriver est de minimiser au mieux les communications directes entre machines, en faisant passer les quelques-unes absolument obligatoires par des moyens extrêmement et intelligemment surveillés. Ceci est sans doute comparable à un « contrôle » des communications humaines, par exemple les réseaux sociaux, ce qui n'est pas encore résolu. On devrait retrouver les mêmes difficultés dans les échanges entre machines.

1.6. La surveillance étroite des machines

Isaac Asimov en 1942 avait déjà énoncé ses trois « lois » qui doivent régir les programmes des robots :

- Loi 1 : un robot ne doit pas porter atteinte à un être humain ni, en restant passif, permettre qu'un humain soit exposé au danger.
- Loi 2 : un robot doit obéir aux ordres donnés par un être humain, sauf si c'est en contradiction avec la loi 1.
- Loi 3 : un robot doit protéger son existence, sauf si c'est en contradiction avec les lois 1 et 2.

Plus tard, Isaac Asimov a complété ces trois lois par une autre loi :

- Loi 0 : un robot ne doit pas porter atteinte à l'humanité ni, en restant passif, permettre que l'humanité soit exposée au danger, en modifiant les lois suivantes en ajoutant dans les lois 1 à 3 : « sauf si c'est en contradiction avec la loi 0 ».

Mais ces règles ne sont valables que pour un ordinateur programmé de manière classique. L'intelligence artificielle, qu'elle soit faible ou encore plus forte, est de l'ordre de ce que mathématiquement on appelle un processus distribué et insaisissable. L'applicabilité par ces ordinateurs de toutes règles, incluant donc les lois d'Asimov, est de fait mathématiquement indécidable.

Il faut donc trouver autre chose, c'est-à-dire des méthodes pouvant contrôler la sécurité des systèmes qu'on appelle multi-agents reconfigurables, et qui sont ceux qui devraient être nécessaires à une intelligence artificielle forte. Arrivé à ce niveau-là de complexité, il faudrait utiliser la notion de valeur attachée à chaque forme ou concept[45], définir les valeurs que la machine doit respecter et trouver une programmation telle qu'il lui soit impossible de pouvoir les modifier. Il s'agirait en quelque sorte de définir et programmer de « nouvelles lois d'Asimov », beaucoup plus précises et adaptées et correspondant à une réelle sécurité pour l'humanité.

45. Par exemple selon le modèle d'Edelman

Deux types de voies de recherche parallèles pour la sécurité de ces systèmes et pour notre sécurité globale doivent être menées :

- Les voies programmation : toutes les programmations bloquant les possibilités de ne pas suivre la sécurité de l'humanité. Elles remplaceraient les « lois d'Asimov » qu'il faut adapter aux nouveaux concepts d'intelligence artificielle.
- Les voies humaines : l'organisation d'un contrôle de l'ensemble du fonctionnement de la population des machines par des humains de bon niveau. A l'instar des contrôleurs aériens pour la sécurité.

Et qu'il y ait un contrôle mutuel entre les actions de ces programmations et de ces humains

2. Une première réflexion sur l'avenir

Avant de réfléchir sur l'avenir, pensons d'abord à la manière dont l'humain dans le passé a voulu améliorer la société dans le cas particulier de ses possibilités de déplacement :

- Sur terre, en utilisant le cheval, puis en inventant les carrioles à cheval puis le train et les voitures.
- Sur mer, en voulant faire comme les poissons, puis en inventant les bateaux et les sous-marins.
- Dans l'air, en imitant les oiseaux, puis en inventant les avions.

L'humain a toujours commencé à utiliser la nature puis à l'imiter plus ou moins. Mais très vite il a observé que cela ne fonctionnait pas de manière suffisamment efficace.

Comme il avait fortement besoin de se mouvoir, il s'est orienté vers des technologies adaptées à la réalité mécanique. Et ce de manière naturelle. Cela lui a pris un temps important :

- Pour se déplacer sur terre, simuler des pattes n'était pas très efficace, en revanche le principe des roues était bien meilleur — belle invention ! C'était encore mieux quand il fabriquait des routes et des voies ferrées. Et quand il ajoutait de l'énergie, il obtenait vraiment un moyen efficace.
  Pour arriver à de nombreux accidents : plus de 3000 morts par an en France, mais il préfère cela à marcher à pied.
- Pour les déplacements sur et dans l'eau, il a eu la même logique. Ses choix sont loin des manières de nager des poissons : le sous-marin ne remue pas la queue pour avancer.
  La solution qu'il a trouvée pour les vaisseaux de surface est excellente pour se déplacer et en particulier pour transporter de

fortes charges au long cours. Les sous-marins sont utiles, surtout pour les besoins de défense.

- Pour les déplacements aériens, il a mis aussi de nombreuses décennies. Il a trouvé un système, l'avion, qui vole sans remuer les ailes (même s'il a bien essayé au début), mais qui est beaucoup plus efficace qu'un oiseau pour les besoins humains. On observe très peu d'accidents, même s'ils sont graves quand ils surviennent.

La méthode de découverte, création et développement de chacun de ces systèmes a été la méthode « essai et erreur » typiquement à la base aussi de l'intelligence artificielle, de même que pour beaucoup de nos inventions comme les systèmes maintenant opérationnels de reconnaissance des empreintes digitales, les systèmes de missiles, les satellites, les ordinateurs, et l'intelligence artificielle elle-même !

On assistera très certainement dans les nombreuses décennies devant nous à un phénomène du même style :

- Pendant quelques décennies, on verra de plus en plus d'automatismes qu'on appellera « intelligents », en particulier dans les véhicules et les transports en général.

- Les études de marché et d'opinions seront beaucoup plus précises et exactes, aux mensonges près de certains. Elles seront basées sur l'intelligence artificielle, l'augmentation adaptée des données et les réseaux de communication.
  Les systèmes de défense et de sécurité seront beaucoup plus efficaces pour détecter et s'informer, planifier et utiliser les armements robotisés qui conviennent, en étant beaucoup plus précis et ne faisant que ce qu'on leur a demandé.

- Les bases de données contiendront tout ce dont chacun de nous aura besoin pour savoir, pour suivre ce qui se passe, pour être efficace dans sa profession, pour avoir une vie sociale adaptée à ses souhaits. Et les consultations de ces bases de données seront d'une facilité inimaginable aujourd'hui. Par exemple on décrira à notre terminal le problème qui se pose à nous en langue naturelle, qu'il soit personnel, professionnel, social, scientifique... il le comprendra, réfléchira et nous communiquera les différentes solutions possibles, son avis sur la meilleure en la discutant et en nous donnant toutes les références pour continuer.
  On aura alors entamé l'étape suivante qui sera celle où la « boucle invention-création » aura été implémentée avec suffisamment d'efficacité

Quant à cette dernière étape où vivront et évolueront des dispositifs ayant leur « libre arbitre » pour prendre des décisions et agir spontanément dans le cadre de missions qui leur auront été définies, on y trouvera des avions prenant des décisions tous seuls, de voitures réellement totalement autonomes réagissant dans des situations nouvelles. Mais s'ils existent un jour, ce ne sera pas un jour proche, sans doute seulement dans de très nombreuses décennies, et avec un nombre et une complexité de contrôles qu'on aurait sans doute du mal à imaginer aujourd'hui, même si les recherches ont déjà commencé[46] :

- Les progrès techniques devraient se révéler très difficiles, et comme toujours encore plus difficiles que ce qui était envisagé, malgré l'optimisme de certains chercheurs et de certains médias.

- Les hommes et nos sociétés mettront des freins au processus. Les processus de progrès, faut-il le rappeler, sont comme les voitures : ils ont des accélérateurs, des freins et des volants de direction, et utilisent les trois ! Et comme il faudra que nos sociétés s'adaptent profondément, cette évolution prendra énormément de temps, avec probablement des crises.

La caractéristique même de la nature humaine, et donc de notre humanité, est fondée sur un autocontrôle naturel à presque tous les niveaux, visant en permanence à survivre, même s'il y a des accidents. En cas d'accidents, les acteurs disparaissent, conformément au processus naturel « essai et erreur ».

Notre volonté de progrès restera supérieure et la société y arrivera un jour en ayant surmonté tous les obstacles, même si ce jour est lointain.

Dans l'avenir ce n'est pas une intelligence humaine à l'identique qui sera construite, mais une intelligence artificielle qui nous aidera, comme un avion nous aide à voler parce qu'on l'a construit pour satisfaire nos besoins et qu'on le contrôle correctement.

Les chercheurs amélioreront cette intelligence en permanence, et oublieront au fil du temps de chercher à imiter l'intelligence humaine. Ils auront créé une intelligence différente de l'intelligence humaine et qui sera à certains égards beaucoup plus puissante que celle-ci. L'ordinateur intelligent sera mille ou un million de fois plus puissant que l'homme, quand les choses seront claires, et bien définies.

Cependant, pour inventer, décider dans un environnement non prévu, il lui faudra sans doute quelquefois plus, quelquefois moins de temps selon le contexte et l'apprentissage suivi.

46. Voir chapitre 4, paragraphe 10-3.

Il lui manquera aussi d'autres compétences : peut-être par exemple de rapidité de juste réaction, de finesse de l'intuition, de qualité de jugement, de prévision, d'intuition au futur, de synthèse globale, de sensibilité au beau, à l'humour et de bien d'autres de ce que nous appelons les qualités pour un humain.

Ces différences seront à comparer à celles qui existent entre un oiseau et un avion, ou entre un poisson et un sous-marin, ou entre un cheval et une voiture : certaines qualités de nos créations sont beaucoup plus fortes que celles de la nature, mais d'autres sont beaucoup plus faibles.

Le débat de fond sera dans la cohabitation entre ces deux intelligences, et dans la manière dont l'intelligence humaine contrôlera l'intelligence de la machine. Est-ce que les recommandations que nous avons préconisées sont les bonnes, est-ce qu'elles suffiront, et dans le cas où elles s'avèreront bonnes et suffisantes, seront-elles suivies ?

Pour comprendre un peu mieux ces risques de cohabitation, extrapolons déjà les problèmes actuels entre populations de cultures différentes. Et plus précisément comprendre déjà ce que veut dire le bon sens ou le sens commun : dans un ensemble restreint de personnes, comme dans un village d'une région centrale d'Europe, l'Auvergne par exemple, le bon sens signifie que les personnes de ce village ont une expérience commune et se comprennent entre elles très vite. Il suffit de quelques mots pour décrire qu'avec le temps qu'il va faire, « ce sera bon pour les champignons », en faisant peut-être évoquer dans l'esprit de l'auditeur une bonne omelette aux champignons à côté d'un feu de bois. Il est clair qu'une telle conversation dans le Grand Nord du Canada ou en Nouvelle-Guinée, n'aurait pas le même sens, et même ne pourrait se tenir de la même façon.

Le « bon sens » ou le « sens commun » ne se conçoivent qu'entre personnes qui ont une communauté de compréhension et de sensibilité de la vie, jusqu'à la compréhension et la sensibilité du toucher, des caresses et des baisers, le plaisir de la bonne chère…

Si nous revenons aux robots, quoi que nous fassions, leur « bon sens » sera différent du nôtre. Pas question pour eux de comprendre la bonne chère, le bon vin, le plaisir du vent frais en été sur le visage…

Inversement, ayant assisté récemment à un exposé scientifique organisé à l'Ecole Normale Supérieure par le Bureau des Longitudes sur l'accélération de l'expansion de l'Univers, et en étant loin de comprendre tout l'exposé, j'ai (CR) fortement ressenti que mon « bon sens » et celui de l'orateur, par ailleurs extrêmement brillant, n'étaient pas les mêmes pour une bonne partie. Ce n'était qu'une suite d'équations, très loin de ce qu'on pouvait ressentir comme réalité physique. L'orateur, de son côté, semblait parfaitement à l'aise et heureux dans sa réalité à lui.

La seule représentation possible de la réalité de ces phénomènes (de « l'infiniment grand ») qui échappent en effet totalement au bon sens physique, passe par des équations. De même d'ailleurs que les phénomènes de mécanique quantique (de « l'infiniment petit »).

On pourrait très bien imaginer que ces équations fassent partie du bon sens de nos robots, et qu'en particulier ils soient psychologiquement en excellente phase avec notre orateur précédent.

Ils pourraient alors faire avancer les sciences et notre connaissance et compréhension de l'Univers de manière encore plus efficace, pour le plus grand bien et le plus grand bonheur des robots et ceux des scientifiques

3. L'Intelligence et son accélération vers l'explosion possible

3.1. L'hyper-intelligence, ou l'Intelligence

Observons maintenant les fonctionnements de l'humain, de la société humaine et de l'intelligence artificielle, et la cohérence totale de l'ensemble de ces trois intelligences. Ajoutons même l'« intelligence » des animaux, qui a les mêmes caractéristiques de base que l'intelligence humaine, mais qui qualitativement est tout de même plus faible.

Prenons en même temps la définition que nous avons prise de l'intelligence et son support :

- La boucle de vie-temps réel : observer, comprendre, décider, agir ;
- La boucle d'invention-création : inventer puis créer en prenant les informations venant de la boucle de vie en mémorisant après avoir sélectionné ce qui mériterait de l'être (la réalité, les possibilités, les actions, et leur intérêt en fonction des situations…) ;
- La fonction d'arrière-plan : organiser l'ensemble.

On retrouve ces fonctions dans les quatre groupes intelligents : animaux, humain, société humaine et intelligence artificielle. De plus :

- Les notions de formes et concepts sont les mêmes.
- La gestion, la logique des actions, la gestion du temps, leurs plannings sont aussi semblables en ce sens qu'elles sont fondées et effectuées par des concepts d'actions qui sont similaires.
- Les quatre groupes intelligents gèrent en grande partie une même représentation matérielle, et un même déroulement de la réalité.
- Les quatre groupes intelligents agissent ou agiront ensemble et de manière cohérente au maximum de leurs possibilités.
- Leurs manières de chercher, d'inventer et de construire sont semblables et cohérentes, s'appuyant sur des concepts de recherche et d'invention, créés eux-mêmes de la même façon.

- Les bases de données de représentation de la réalité s'enrichissent de manière considérable dans ces quatre groupes. Elles communiquent entre elles pour créer une gigantesque mémoire sur la réalité, ses devenirs, les buts de chacun, les actions passées, présentes et futures, et les liens entre ces concepts et leurs descriptions.

Ces caractéristiques qu'on peut appeler aussi qualités, sont distribuées de manière différente pour chacun des quatre groupes, avec des importances et des poids extrêmement différents. Ces groupes se sont construits en « poupées russes » : l'humain est une évolution des animaux, la société a été construite par les humains, et c'est cette société qui construit l'intelligence artificielle.

Lorsqu'on parle de l'intelligence, on a tendance à ne parler jusqu'à présent que de celle de l'humain, sauf exception. Proposons d'appeler « hyper-intelligence » ou Intelligence avec un « I » majuscule l'intelligence générique à ces quatre « supports ».

3.2. L'accélération de l'Intelligence et l'Évolution.

De la même façon, proposons d'appeler « hyper-humanité » l'ensemble de ces groupes intelligents : les animaux, l'humain, l'humanité et l'ensemble des structures électroniques intelligentes. Ce serait l'hyper-humanité qui disposerait donc de l'hyper-intelligence, ou, dit autrement, qui serait la base support de l'Intelligence.

Dans ce langage, c'est bien l'Évolution, qui est la colonne vertébrale de cette hyper-humanité. Si on résume outrancièrement cette Évolution, par de grandes périodes, on peut dresser le tableau suivant :

• Le hasard et la nécessité :	milliards d'années
• La sélection naturelle :	millions d'années
• La société humaine :	dizaines de milliers d'années
• La société de l'histoire :	milliers d'années
• L'arrivée des sciences :	centaines d'années
• Les grands systèmes :	100 ans
• L'arrivée des ordinateurs :	50 ans
• L'IA faible :	30 ans
• L'IA forte :	dépend du niveau de cette IA

Remarquons d'abord que les logiques de développement de chacune de ces phases sont toutes basées sur le principe « essai et erreur », qui prend le nom successivement de « hasard et nécessité », « sélection naturelle », la « science », « l'évolution des sociétés », « l'évolution des idées ». Par exemple, le nazisme peut être considéré comme un représentant typique de ce principe, même si certains voudraient faire encore des « essais ».

Ce principe « essai et erreur » étant à la base de cette Evolution, il faut bien constater qu'il entraine son développement particulièrement important à tous les niveaux de ces intelligences.

Ce développement est aussi simultané avec la taille des connaissances, et avec le nombre des idées et des inventions qui se multiplient.

Observons simplement les évolutions de la taille de nos connaissances. Laissons peut-être de côté la « librairie » de Michel de Montaigne, qui devait comprendre probablement un millier d'ouvrages. Comparons plutôt la taille de « l'Encyclopédie » de Denis Diderot et Jean Le Rond d'Alembert, qui était censée contenir l'ensemble des connaissances de l'humanité en 1751, avec la taille de la mémoire informatique actuelle de l'humanité. L'Encyclopédie de Diderot tient dans un linéaire d'un mètre cinquante, notre mémoire informatique d'aujourd'hui occupe mille milliards de milliards d'octets (à peu près…).

Maintenant pourquoi, en plus de l'importance de ce développement de l'intelligence dû au principe « essai et erreur », observons-nous une accélération significative de ce développement ?

Certains chercheurs et philosophes comme Hartmut Rosa (2013) de l'École de Frankfort l'expliqueraient par la « société » : c'est elle qui nous améliorerait, et nous pousserait à agir. Cette explication paraît plus simple que la réalité et porterait sans doute un message politique, sortant du pur raisonnement scientifique.

Après les réflexions que nous avons menées et traduites dans le présent ouvrage, une autre explication semble beaucoup plus crédible et concrète :

Nous avons introduit précédemment la notion de récursivité. Cette notion correspond à la possibilité pour une intelligence d'inventer un concept qui puisse lui permettre d'être plus efficace, et d'avancer dans ses réflexions, d'inventer de nouveaux modes d'action. Et même d'inventer de nouvelles méthodes d'inventer, et apprendre à apprendre jusqu'à même apprendre à apprendre à apprendre…

Au niveau de l'intelligence sociétale, on apprend à faire des lanceurs spatiaux, ensuite on les utilise pour construire une station spatiale et y transporter des outils, ensuite on se sert de la station et de ses outils pour construire un autre moyen pour aller sur Mars. Pour découvrir encore autre chose et avancer encore dans l'intelligence[47].

47. Nous venons de décrire ici la logique qu'envisage la NASA pour aller sur Mars dans un certain nombre d'années.

La récursivité a été appliquée depuis le début de la civilisation, au niveau humain, puis aussi au niveau du groupe, puis enfin au niveau de la société dans son ensemble. C'est cette même récursivité qui nous a fait concevoir et créer les ordinateurs et maintenant l'intelligence artificielle, qui va de même s'auto-accroître, et même s'auto-accélérer.

Cette récursivité est commune à l'ensemble de l'Intelligence. Elle entraîne ces accélérations, et les accélérations de ces accélérations, et donc cet accroissement qualitatif et quantitatif exponentiel de l'Intelligence.

Cet accroissement presque vertigineux prépare peut-être à partir de maintenant ce qu'on pourrait comparer à une explosion risquant de ne plus pouvoir être contrôlée, « L'explosion de l'Intelligence ».

3.3. Discussion sur les effets de cette accélération

Montrons maintenant de manière plus précise les trois périodes les plus importantes, totalement imbriquées, de l'Evolution :

- La période hasard et nécessité décrite par Jacques Monod
  Elle inclut la création de la vie par fusions de molécules, puis création par hasard de molécules ayant des propriétés de se reproduire, puis modification par hasard de ces molécules en les complexifiant, puis sélection, retransformation, etc. Le tout grâce au fait que ces transformations « par hasard » aient été possibles parce qu'il y a des milliards de milliards de milliards de molécules puis toujours énormément de cellules. Et aussi parce que ces processus s'effectuent pendant des milliards d'années, et qu'il y a mort des acteurs, humains ou organisations, des processus ratés…

  Cette période continue toujours aujourd'hui : le hasard et les modifications avec les sélections par nécessité de transmission des codages pour la reproduction s'effectuent dans nos organismes à la fois en permanence et dans les transmissions aux enfants. Nous entendons bien par « organismes » tous les organismes vivants, depuis les microbes et les cellules vivantes elles-mêmes jusqu'à l'humain inclus.

- La période sélection naturelle décrite par Charles Darwin.
  Elle commence au début de la vie déjà existante, et montre une adaptation des fonctions vitales des êtres vivants à leur milieu extérieur. Cette adaptation se faisant grâce au mode « mort et renaissance » dont nous avons parlé et aux possibilités de

modifications successives de ces êtres et de leurs fonctions : par hasard ou d'autres procédés plus sociaux.
Ce processus d'applique non seulement aux acteurs du début de la vie, mais aussi maintenant à l'humain et aux sociétés humaines.

- La période intelligente plus récente.
  Elle démarre avec l'existence de l'humain, en tout cas au moment où un être vivant a commencé à utiliser un outil pour agir : soit pour tuer soit pour couper des plantes pour se nourrir. Nous vivons actuellement cette période qui inclut à la fois le processus hasard et nécessité et le processus sélection naturelle, mais qui ajoute une dimension d'accélération considérable à ces processus qui fait qu'il s'applique maintenant non seulement aux organisations humaines, mais aussi aux organisations technico-industrielles, aux sociétés, aux idées, aux modes de vie, et même en retour à l'homme et à l'animal.

Chacune de ces périodes montre à la fois des aspects constructifs et destructifs. Les aspects constructifs sont très compréhensibles sur les deux premières périodes, puisque ce sont elles qui ont fait apparaître l'humanité qu'on connaît depuis de début de l'Histoire.

Ce que nous avons appelé récursivité a déjà commencé dans la deuxième période, celle de la sélection naturelle. Dans la troisième période, l'actuelle, la récursivité est largement dominante. Elle est représentée par les intellectuels, les décideurs, les scientifiques, les médias et leurs interactions mutuelles.

Focalisons-nous plutôt sur cette troisième période plus actuelle, où l'intelligence humaine se développe particulièrement :

- Au début l'humain luttait contre les animaux, mais aussi entre tribus pour disposer de terrains de chasse ou de culture : donc pour se nourrir et survivre, ce que l'humain continue à faire sous une autre forme.

- Puis vient une période de luttes et guerres entre groupements humains pour contrôler les terres, et contrôler le commerce :
  Donc pour se nourrir, se protéger et acquérir la richesse et la puissance permettant la satisfaction de ces besoins.

- Puis guerres pour défendre des idées et les faire régner dans le monde entier. Après le communisme et le nazisme, de nouvelles idées combattent ainsi la démocratie qui est l'idée occidentale actuelle.

- Enfin un développement technico-sociétal, complètement lié à ce que nous avons appelé l'Intelligence, s'avère de plus en plus complexe et rapide. Particulièrement dans les années actuelles

Les utilisations des ordinateurs avec Internet, le Web, les réseaux sociaux utilisés de manière chaotique, les possibilités déjà des débuts de l'intelligence artificielle, le réchauffement climatique provoqué en grande partie par notre activité, amènent un nouveau fonctionnement des sociétés, qui se dégrade, aggravant les inégalités des richesses, des compréhensions, des cultures :

- La culture occidentale et ses valeurs, symboles de l'Intelligence, faiblissent, sans qu'on sache pourquoi ni quoi faire. En particulier, sa valeur principale, la démocratie, semble commencer à se déliter. Ce qui favorise les poussées nationalistes et identitaires qui ont en plus la volonté de faire régner leurs idées en gagnant à leur cause et sous leur contrôle les autres cultures.

- La culture non démocratique de la Chine la fait réussir actuellement mieux que l'Occident avec une gestion politique qui peut leur paraître plus efficace. Peut-être leur organisation politique contrôle-t-elle mieux l'explosion actuelle de l'Intelligence, au prix d'un manque de liberté que nous n'accepterions pas.

- Pire encore, les progrès gigantesques des technologies informatiques et de communications avec la baisse des valeurs des Lumières amènent là aussi de manière accélérée certains acteurs politiques nationaux ou locaux, constituant des groupes opposés à ces valeurs à utiliser les nouvelles technologies pour une guerre des informations vraies et fausses de plus en plus ouverte. C'est la cyberguerre de plus en plus violente, qui malheureusement utilise de nombreuses armes, alors qu'il n'y a que peu de défenses.

- De larges pans de la société se tournent vers le passé : le religieux extrême, l'écologie extrême

Cette « explosion de l'Intelligence » amène les politiques, les philosophes et les intellectuels à ne plus comprendre ce qui se passe, ce qui va se passer et ce qu'il faut faire. « Cela va trop vite ! »

Pendant ce temps la plupart des décideurs ont tendance à fonctionner comme dans le passé où les choses étaient plus lentes, plus simples, plus stables et plus compréhensibles, et où ils étaient sélectionnés, du moins en Occident, par leur plus grande capacité à parler et à persuader.

À cause de ces nouvelles complexités, ils ont tendance à se fonder uniquement sur les « voix fortes » de certains anciens décideurs et à écouter les réflexions éparses et souvent incohérentes de certains faux philosophes ou intellectuels et des spécialistes de l'opposition politique, au lieu de commander les longues études rigoureuses qui seraient nécessaires, pour définir un peu mieux leurs idées et leurs décisions.

Il faut maintenant, et beaucoup plus qu'avant, investir significativement et plus rationnellement dans des réflexions beaucoup plus profondes et cohérentes sur tous ces sujets, et surtout s'organiser avec de bonnes équipes pour mieux comprendre les besoins profonds, en préparant concrètement l'avenir : techniquement et rationnellement avec une organisation adaptée, et ensuite politiquement, pour chacun des sujets. C'est ce que font tout de même certains pays occidentaux, et probablement aussi la Chine, pour gérer leurs politiques et leurs moyens de défense.

Il faut aussi inventer des « ralentisseurs » à l'explosion à venir, ayant le même rôle que le graphite, l'eau pressurisée ou le sodium qui empêchent les réactions explosives dans les centrales nucléaires. Il vaudrait mieux avoir en effet des possibilités de ralentir et contrôler intelligemment l'explosion, plutôt que d'avoir des « ralentisseurs externes » non contrôlés comme l'islamisme de Daech, la force de certaines dictatures, ou les idées de certains, pourtant occidentaux, qui veulent en revenir aux modes de vie du passé.

L'humanité a vécu et survécu à un certain nombre de crises, dont certaines particulièrement importantes. La situation actuelle correspond déjà à une crise, mais, et c'est nouveau, à un chemin vers une explosion possible beaucoup plus grande dans quelques années.

Elle est à traiter de manière différente des autres qui étaient « réglées » par des guerres la plupart du temps, des guerres qui, remarquons-le, sont de plus en plus « grandes » au fur et à mesure de l'Histoire.
La solution à cette explosion reste à trouver, et c'est notre intelligence qui pourrait et devrait plutôt y arriver. Et que cette solution ne soit pas une très grande guerre, ce qui pourtant aujourd'hui parait au moins plausible.

Nous voici revenus de nouveau à l'intelligence, ou plutôt à l'Intelligence. Non plus comme cause indirecte de ces problèmes, mais cette fois-ci comme aide pour nous guérir des méfaits dus à son évolution.

Se faire aider par l'intelligence artificielle ? La bonne intuition artificielle et la bonne rationalité artificielle, ensemble et coordonnées avec l'intelligence humaine ?

Épilogue possible dans les siècles à venir

Notre hyper-humanité dans le cosmos

Depuis quelque temps, la NASA et d'autres réfléchissent à la problématique d'un voyage spatial d'astronautes vers Mars, et d'un petit séjour sur cette planète.

Les réflexions avancent bien : le voyage complet devrait durer au total soit deux soit trois années, pour respectivement y rester soit un mois soit un an et demi. L'opération devrait avoir un coût extrêmement plus important qu'Apollo vers la lune. On devrait construire un vaisseau-escale orbitant autour de la lune pour y faire étape et simplifier la gestion du voyage.

Techniquement tout devrait bien se passer, mais il est impossible de savoir avec une complète certitude quelles sont les chances pour l'équipage de supporter et même de survivre aux radiations cosmiques et solaires.

En effet dès qu'on franchit ce qu'on appelle la ceinture de Van Allen qui protège la surface de la Terre et la vie (incluant les astronautes passagers de la station orbitale ISS qui reste encore proche de la Terre et protégée) des radiations du soleil et de celles du cosmos, le danger est très important. L'activité du soleil habituelle qui oscille tous les 11 ans en même temps que ses taches est déjà dangereuse en période de grande activité. Mais les éruptions solaires beaucoup plus importantes qui arrivent aléatoirement sont, elles, très dangereuses et souvent mortelles. Les radiations fortes du cosmos qui arrivent par ailleurs plus rarement ont aussi des effets mortels de la même façon, surtout si on s'expose pendant une période significative. Et deux ans constituent une période très significative.

Une manière de protéger l'équipage serait d'embarquer des tonnes d'eau dans des réservoirs qui les entoureraient, mais cela serait irréaliste en termes de propulsion nécessaire, surtout pour la gestion pendant trois ans de l'eau qui n'existe que très peu sur Mars, et pour préparer en particulier le long retour sur la Terre des astronautes.

Des robots même avec une intelligence artificielle faible pourraient déjà remplacer l'humain. Ils pourraient supporter les radiations mieux que les humains, si on les conçoit en fonction de cet environnement, par exemple par un nombre important d'électroniques de secours avec des réparations effectuées par d'autres robots, et par une protection limitée à l'électronique et aux parties sensibles.

Comme il faut de 3 à 21 minutes pour communiquer entre nos deux planètes en fonction de leurs positions respectives, les drones pilotés de manière extrêmement lente comme les véhicules martiens actuels ne sont pas suffisants pour effectuer un travail dans un temps normal et aussi efficacement que pourrait le faire un humain. Il vaudrait mieux disposer d'un dispositif prenant des décisions locales en temps réel, donc un robot intelligent, même s'il ne s'agit pas nécessairement d'une intelligence très forte. Ce sera peut-être le moyen le plus efficace que nous aurons de réellement étudier les traces de vie sur Mars.

De plus, et en dehors de l'exploration de Mars, qui est déjà la planète de notre système solaire la plus amicale ou plutôt la moins inamicale, les autres planètes nous sont interdites, en tout cas dans un avenir imaginable : elles sont soit à des températures trop élevées, ou trop basses, quelquefois gazeuses, ou bien simplement trop éloignées pour le voyage.

Le problème est encore bien pire pour explorer les *exoplanètes*, en dehors de notre système solaire. La plus proche de la Terre est à quatre années-lumière, et nécessiterait une vie entière pour y aller sans guère de retour possible, sans parler non plus des radiations plus importantes, et sans même savoir au préalable s'il serait possible d'y arriver et d'y atterrir.

La seule solution pour satisfaire le besoin de notre hyper-humanité d'exploration du cosmos pour apprendre et savoir, est d'attendre et agir pour que l'intelligence artificielle se développe suffisamment.

Dans quelques siècles, des robots avec une intelligence forte, qui supporteront plus facilement les particules et n'auront pas besoin de se nourrir, pourront être envoyés. Ils auront simplement besoin d'avoir un minimum d'énergie pour être activés, ou « réveillés », quand il le faut et agir à l'arrivée, avec la nouvelle énergie photoélectrique amenée par l'étoile qui sera leur nouveau soleil éclairant la planète où ils atterriront.

Ces robots représenteraient et continueraient notre civilisation, avec une base de données suffisante pour en redémarrer de nouvelles sur ces exoplanètes habitables par eux, et en gardant en mémoire toute l'histoire, toutes les idées, nos cultures et surtout la technologie de leurs grands anciens humains physico-chimiques, nous-mêmes.

Ce serait une manière de répandre notre hyper-humanité dans l'univers. En faisant encore avancer l'Évolution, et surtout le but de l'hyper-humanité, comprendre et savoir plus, en répandant cette compréhension et ce savoir dans l'univers.

Cette logique pourrait aussi être utilisée simplement pour que notre humanité et notre culture, sans doute modifiées et adaptées, survivent en parallèle sur notre Terre, dans le cas où des catastrophes naturelles ou provoquées rendraient notre planète invivable pour les humains et une partie des êtres vivants.

Bibliographie

ALPAC, 1966 *Language and machines; computers in translation and linguistics*, Report by the Automatic Language Processing Advisory National Research Council, National Academy of Sciences, publication 1416, Washington D.C.

Artificial Intelligence Index, 2021, Stanford University. Voir le lien : https://aiindex.stanford.edu/report/

Asimov Isaac, 1950, *Les Robots* (titre original : *I, Robot*), Gnome Press, (traduction française 1967).

Baars Bernard, 1988, *A cognitive theory of consciousness*, Cambridge University Press, Cambridge.

Bar Hillel Y., 1964, *Language and information*, Addison Wesley, Reading Mass.

Bobrow Daniel, 1968, Natural language input for a computer problem solving system, *Semantic information processing*, Minsky (Ed.), MIT Press, Cambridge.

Bond Alan, Les Gasser, 1988, Reading in distributed artificial intelligence, Morgan Kaufmann publishers, Inc.

Bonnet Alain, Jean-Paul Haton, Jean-Michel Truong, 1986, *Système experts : vers la maîtrise technique*, InterÉditions,

Bresnan Joan et Ronald Kaplan, 1981, Lexical functional grammars ; a formal system for grammatical representation, *The mental representation of grammatical relations*, MIT Press, Cambridge, Mass.

Cardon Alain, 2003, *Modéliser et concevoir une machine pensante. Approche constructible de la conscience artificielle*, Automates intelligents, Paris.

Charniak Eugene, 1972, *Towards a model of children's story comprehension*, MIT, Memo n° TR266.

Charniak Eugene, 1976, Inference and knowledge II, in *Computational semantics*, Charniak & Wilks, North Holland, Amsterdam, pp. 129–154.

Chomsky Noam, 1957, *Syntactic structures*, Mouton, La Hague (Traduction française : *Structures syntaxiques*, 1959, Le Seuil, Paris).

Chomsky Noam, 1965, *Aspects of the theory of syntax*, MIT press, Cambridge, Mass (Traduction française : *Aspects de la théorie syntaxique*, 1971, Le Seuil, Paris).

Chomsky Noam, 1966, *Cartesian Linguistics*, Harpert & Row, New York.

Chomsky Noam, 1968, *Language and mind*, Harcourt, New York.

Dennett Daniel, 1993, *La conscience expliquée*, Paris.

Eckardt B. von, 1993, *What is Cognitive Science?*, MIT Press, Cambridge.

Edelman Gerald, 1992, *Biologie de la conscience*, Éditions Odile Jacob, Paris. (paru sous le titre original : *Bright Air, Brilliant Fire: on the Matter of Mind* – Basic Books 1992).

Edelman Gerald, 1989, *The remembered present: a biological theory of consciousness*, Basic Books, New York. (traduction française : *Le présent remémoré. Une théorie biologique de la conscience*, Rizzoli, Milan, 1991)

Ferber Jacques, 1995, *Les systèmes multi-agents : vers une intelligence collective*, InterEdition.

Ferrucci David et al, 2010, « Building Watson: An Overview of the DeepQA Project », *AI Magazine*, vol 31, n° 3 2010, p.59

Fodor Jerry, 1975, *The language of thought*, Thomas Y. Crowell, New York.

Fodor Jerry, 1983 *The modularity of mind*, Cambridge Mass., MIT Press (traduction française : *La modularité de l'esprit* [1986], Éditions de minuit, Paris).

Gardner Howard, 1985, *The mind's new science, a History of the Cognitive Revolution*, Basic Books, New York.

Goldberg David, 1964, *Algorithmes génétiques*, Addison–Wesley, France.

Green Bertrand, Alice Wolf, Carol Chomsky and Kenneth Laughery, 1960, Baseball: an automatic question answerer, in Computers and thought, Feigenbaum et Feldman, McGraw-Hill, New York, pp. 207–216.

Grice H.P., 1957, Meaning, in *Philosophical review,* 66, pp. 377–388. Republié en 1971, in *Semantics : an interdisciplinary reader*, Steinberg & Jakobovits, CUP, Cambridge, pp. 53–59.

Harth Erich, 1993, *The creative loop; how the brain makes a mind*, Addison-Wesley, New York.

Hofstadter Douglas, 1979, *Gödel, Escher, Bach: An Eternal Golden Braid*, Basic Books, New York.

Holland John H.,1975, *Adaptation In Natural And Artificial Systems*, University of Michigan Press.

Hopfield John, 1982, « *Neural networks and physical systems with emergent collective computational abilities* », *Proceedings of the National Academy of Sciences*, 79 (8), pp. 2554–2558

Kolodner Janet, 1993, *Case-Based Reasoning*. Morgan Kaufmann Publishers, Inc, 1993.

Laurière Jean-Louis, 1976, Un langage et un programme pour énoncer et résoudre des problèmes combinatoires, Paris, Thèse d'État, Université Pierre et Marie Curie, , 227 p.

LeCunYann, 1985, *Une procédure d'apprentissage pour réseau à seuil asymétrique.* COGNITIVA 85, Paris, 4.

Lewis C.S., 1912, Implication and the algebra of logic, Mind, Vol 21, pp. 522–531

Lewis C.S., 1918, *A survey of symbolic logic*, University of California Press, Berkeley, 406 p.

Lukaszewicz Witold, 1990, *Non-Monotonic Reasoning*. Ellis-Horwood, Chichester, West Sussex, 200 p.

Maes Pattie, 1987, Computational reflection, AI laboratory, Vrije Universteit, Bruxelles, 87-2.

Markov, Andreï, 1907, Extension of the Limit Theorems of Probability Theory to a Sum of Variables Connected in a Chain. The Notes of the Imperial Academy of Sciences of St. Petersburg VIII Series, Physio-Mathematical College, XXII/9.

McCulloch Warren, Walter Pitts, 1943, A logical calculus of the ideas immanent in nervous activity. *Bulletin of Mathematical Biophysics* 5, pp. 115–133. https://doi.org/10.1007/BF02478259

Miller George 1956, The Magical Number Seven, Plus or Minus Two: Some Limits on Our Capacity for Processing Information, *Psychlological Review, 63*, 2, pp. 81–97.

Minsky Marvin 1968, *Semantic information processing*, MIT press, Cambridge Mass.

Minsky Marvin 1974, *A framework for representing knowledge*, Memo 306, MIT, Cambridge Mass. Repris dans *Readings in knowledge representation*, Brachman & Levesque, Morgan Kaufmann publishers, Inc, Los Altos, 1985, pp. 245–262.

Minsky Marvin 1985, *The Society of Mind*, Simon and Schuster, Nex York. (traduction française La société de l'esprit, 1988, InterEditions).

Monod Jacques, 1970, *Le Hasard et la Nécessité. Essai sur la philosophie naturelle de la biologie moderne*, éditions du Seuil, pp. 224-225, (fin du chapitre « Le royaume et les ténèbres »)

Pelata Patrick, 2021, Meta Strategy Consulting dans le numéro 765 de mai de La Jaune et la Rouge

Piaget Jean, 1923, Le langage et la pensée chez l'enfant, Études sur la logique de l'enfant, Delachaux et Niestlé éditeurs, Neuchâtel — Paris

Pinker Steven, 1994, L'Instinct du langage [*The Language Instinct: How the Mind Creates Language*], Éditions Odile Jacob, , 493 p.

Pitrat Jacques, 1990, *Métaconnaissance, futur de l'intelligence artificielle*, Hermès, Paris.

Pitrat Jacques, 2009, *Artificial Beings: The Conscience of a Conscious Machine*, Wiley-ISTE, London.

Prade Henri, Dubois Didier, 1985, contributions de Claudette Testemale et Henri Farreny, *Théorie des possibilités : Applications à la représentation des connaissances en informatique*, coll. (Méthode + programmes), Masson : Paris.

Pylyshyn Zenon 1984, *Computation and cognition*, MIT Press, Cambridge.

Riesbeck Christofer, Roger Schank, 1989, *InsideCase-BasedReasoning*. Lawrence Erbaum Associates, Inc., Hillsdale, New Jersey.

Rosa Hartmut, 2013, Accélération : une critique sociale du temps, Paris, La Découverte, coll. « Théorie critique », 480 p.,

Rosch Eleanor, 1975, Cognitive representations of semantic categories, *Journal of experimental psychology: general*, 104, pp. 192–233.

Rosch Eleanor, 1977, Human categorization, *Studies in Cross-Cultural Psychology*, Academic press, New York, pp. 1–49.

Rosenblatt Frank,1958, *The perceptron: a probabilistic model for information storage and organization in the brain*, – repris dans James Anderson & Edward Rosenfeld, 1988, Neurocomputing : Foundations of Research, MIT Press, Cambridge.

Rumelhart David, Geoffrey Hinton & Ronald Williams, R., 1986, Learning representations by back-propagating errors. *Nature* 323, pp. 533–536. https://doi.org/10.1038/323533a0

Russell Bertrand, 1919, "On propositions: what they are and how they mean." Proceedings of the aristotelian society, Supplementary Volumes, Vol. 2, Problems of Science and Philosophy, pp. 1–43.

Sabah Gérard, 1990, CARAMEL : a flexible model for interaction between the cognitive processes underlying natural language understanding, Actes Coling, Helsinki, pp. 446–448.

Sabah Gérard et Xavier Briffault, 1993, Caramel : a Step towards Reflection in Natural Language Understanding systems, Actes IEEE International Conference on Tools with Artificial Intelligence, Boston, pp. 258–265.

Sabah Gérard, 1988, *L'intelligence artificielle et le langage*, Tome 1 : représentation des connaissances, Hermès, Paris.

Sabah Gérard, 1989, *L'intelligence artificielle et le langage*, Tome 2 : processus de traitement, Hermès, Paris.

Sapir Edward, 1949 [1924] The grammarian and his language. In Sapir, E., *Selected writings of Edward Sapir in language, culture and personality*, edietd by David G. Mandelbaum, Berkeley – Los Angeles, University of California Press, 150-9 [repris de The grammarian and his language, *American Mercury* 1 :149–155].

Schank Roger, 1972, Conceptual dependency: a theory of natural language understanding, *Cognitive psychology*, vol. 3 (4), pp. 552–631.

Schank Roger, 1975, The structure of episodes in memory, in *Representation and understanding: Studies in cognitive Science*, Bobrow & Collins, New York, Academic Press, 1975, pp. 237–272.

Schank Roger et Robert Abelson, 1977, *Scripts, plans, goals and undestanding,* Hillsdale, N.J. Lawrence Erlbaum.

Searle John, 1992, *The rediscovery of Mind*, Cambridge University Press, Cambridge.

Sericola Bruno, 2013, *Chaînes de Markov — Théorie, algorithmes et applications*. Hermes/Lavoisier.

Shalom M. Weiss and Casimir A. Kulikowski, 1984, *A Practical Guide to Building Expert Systems*, Rowman and Allanheld, Publishers, Totowa, NJ.

Silver David et al., 2016, Mastering the game of Go with deep neural networks and tree search. *Nature* vol. 529, pp. 484–489

Silver David et al., 2018, A general reinforcement learning algorithm that masters chess, shogi, and Go through self-play, Science, Vol 362, Issue 6419, pp. 1140-114

Smith Brian, 1986, Varieties of self-reference, Actes Theoretical aspects of reasoning about knowledge, Morgan Kaufman, Los Altos, Monterey, CA, p. 19–43.

Sperber Dan et Deidre Wilson, 1982, Mutual knowledge and relevance in theories of comprehension, in *Mutual knowledge*, Smith, Academic press, Londres, pp. 61–131.

Sperber Dan et Deidre Wilson, 1986, *Relevance, communication and cognition*, Basil Blackwell, Oxford.

Weizenbaum Joseph, 1966, Eliza – a computer program for the study of natural language communication between man and machine, CACM, 9, pp. 26–45.

Whorf Benjamin Lee, 1956, *Language, Thought, and Reality*, Cambridge (Mass.), The M.I.T. Press.

Wilks Yorick, 1975, Preference semantics, in *Formal semantics of natural language*, Keenan, Cambridge university press, pp. 329–348.

Wilks Yorick, 1976, Philosophy of language, in *Computational semantics*, Charniak & Wilks, North Holland, Amsterdam, pp. 101–127.

Zadeh Lotfi, 1965, "Fuzzy sets," *Information & Control*, 8, pp. 338–353.

Remerciements

Nous rendons hommage avec toute notre gratitude au professeur Jean-Claude Simon (+) qui nous a accueillis, à quelques années d'intervalle à l'Université Paris VI et à l'École Polytechnique dans son équipe de recherche en intelligence artificielle qu'il motivait remarquablement.

Nous remercions profondément Jacques Pitrat (+) pour ses idées extrêmement avancées, qui sont toujours à la base des idées actuelles, et la passion qu'il inspirait à ses étudiants dans des recherches à l'époque encore trop en avance par rapport à la technologie informatique.

Claude Roche était l'assistant à la fois de Jean-Claude Simon et Jacques Pitrat entre 1969 et 1972, dans leurs activités de chercheurs et professeurs de troisième cycle, ce qui lui a permis d'avancer particulièrement dans la synthèse entre intuition et rationalité artificielles.

Gérard Sabah a profité de leurs laboratoires et du dynamisme de leurs équipes pour enseigner dans le DEA de Jean-Claude Simon, en reprenant les cours de Jacques Pitrat sur le traitement automatique des langues.

Nous leur en sommes particulièrement reconnaissants.

Claude Roche est extrêmement reconnaissant aussi au ministère de la Défense et à la DGA qui lui ont permis d'effectuer ses recherches, en le laissant créer et diriger pendant quelques années le laboratoire de traitement d'images et de reconnaissance des formes du Laboratoire Central de l'Armement à Arcueil, et de l'avoir entraîné dans une carrière où il a pu appliquer concrètement et utilement les idées qu'il en a retirées.

Gérard Sabah est entré au CNRS dès sa sortie de l'École grâce aux instances de Jean-Claude Simon. Il le remercie vivement de lui avoir fait confiance quand il s'est lancé dans le domaine du traitement automatique des langues, qui n'était pas son domaine. Mais grâce à des discussions fructueuses avec Jacques Pitrat, il a pu rapidement l'intégrer et constituer une équipe solide et leader en France, qui a émigré ensuite au LIMSI.

Gérard Sabah remercie cette communauté de chercheurs et la direction du CNRS de l'avoir accompagné dans ses recherches, et de lui avoir permis d'être nommé membre d'honneur de l'AFIA et de l'ECAI (EurAI). Il remercie les membres de l'Académie des technologies de l'avoir élu membre de cette confrérie en reconnaissance de ses recherches.

Claude Roche remercie enfin son épouse Danièle et ses filles Laetitia et Adélaïde pour leurs relectures en tant que non-spécialistes, et les nombreuses remarques pertinentes qu'elles lui ont faites.

Gérard Sabah a apprécié vivement les commentaires de son épouse, Marie-Caroline, sur ses travaux passés ; il regrette qu'elle soit partie trop tôt pour avoir participé également au présent ouvrage. Ses remarques auraient, sans aucun doute, permis de l'améliorer encore !

Table des matières

www.ingramcontent.com/pod-product-compliance
Lightning Source LLC
LaVergne TN
LVHW010914051026
849532LV00003B/693
* 9 7 8 2 3 8 4 1 7 5 5 1 2 *